ハプスブルク帝国の情報メディア革命

菊池良生
Kikuchi Yoshio

a pilot of wisdom

まえがき

マクルーハンは活字と印刷術の出現が「失楽園」を産み出したといっている。

確かに、活版印刷という情報蓄積メディアの革命は、今まで知らなくてもすんでいた情報を人に押しつけることになる。坊さん任せにしていた宗教も、聖書という経典が目の前にあれば自分でそれを読み、解釈しなければならなくなる。すると当然、違った解釈が生まれ、互いにぎすぎすした関係ができてくる。それだけではない。ある情報が蓄積され、いつでも読み返すことができるようになると、今度は次の情報が欲しくなる。要するに、人間、ずいぶんと気ぜわしくなったのだ。体内の生理的腹時計でのんびりと過ごしていた人間が抽象的時間に追いやられ、楽園を追放されたというわけである。

このグーテンベルクのメディア革命が十五世紀に起きたのは必然であった。このときヨーロッパにはいろんなものが押し寄せてきた。大航海時代、第一期グローバリゼーション、宗教改革、初期資本主義等々。ヨーロッパは近代を迎えたのである。どちらが卵か鶏かはわからないが、活版印刷の発明はまさしく時代の要請だったのだ。

しかし活版印刷により大量に出回ることになる印刷物とは、基本的には情報の蓄積メディアであった。いうまでもなく情報は伝達されて初めて情報となる。大量に蓄積されることが可能になった情報を、いかにして伝達するか？　かくして、情報蓄積メディアの革命と情報伝達メディアの革命が、時をおかず相次いで起こったのである。

この情報伝達メディア革命とは、ハプスブルク家のマクシミリアン一世により整備されたヨーロッパ郵便網のことである。このときハプスブルク家はネーデルラントと北イタリアを手中に収めようとしていた。そしてマクシミリアン自身はチロルのインスブルックに政庁を構えていた。こうしてネーデルラント―インスブルック―北イタリアを結ぶ郵便網ができたのだ。つまりこの郵便網は、ハプスブルク家の世界帝国志向によって構築されたのである。

ところでネーデルラントと北イタリアは当時のヨーロッパの二大経済圏であった。それが郵便で結びついた。確実で豊富な情報が今まででは考えられないスピードで手に入るのだ。商人たちはこのマクシミリアンの情報インフラに群がり、公用郵便に限定されていた郵便の民間への門戸開放を迫った。こうして郵便網が瞬く間にヨーロッパ中に広がった。

その後、ハプスブルク世界帝国の夢はもろくも崩れ去るが、その夢の産物である郵便は驚くほどの短期間にヨーロッパに濃密なネットワークを構築していった。そしてヨーロッパはこの近代初期のインターネットである郵便を駆使して最初の世界経済システムを作り上げたのである。

つまり、郵便はヨーロッパ近代の確立に大きな役割を果たしたのだ。本書は郵便という側面からヨーロッパ近代成立のからくりをのぞくことになる。

目次

序章　十六世紀のメディア革命

駅逓長《えきていちょう》タクシスの手に落ちた反乱「書信」

僧正　いかにも、それに違いがない。――この書面はさっそく陛下のお目に掛けねばなりませぬ。タクシス殿。こなたの大お手柄じゃ。よく手落なく見張って下さいましたな。

駅逓長　いや、僧正様。只わたくしの職責を尽したに過ぎませぬ。

（佐藤通次訳）

フリードリッヒ・シラーの戯曲『ドン・カルロス』の一場面である。

だいたいシラーの歴史劇はあまり正史に頓着《とんちゃく》することはない。しかしさすがに、物語の背景となる史実はしっかりと押さえている。つまりこの場面で僧正より「タクシス殿」と呼ばれる駅逓長は、実在の人物であるということだ。そしてこの歴史劇の舞台は十六世紀スペインである。

さて、ここでこの駅逓長の人となりの紹介は後回しにすることにする。

それよりもまず確認したいのは、僧正のいう「陛下」とは誰のことか。いうまでもなく、スペイン王フェリペ二世である。

フェリペ二世とはカトリックの世界統一の完全復活の夢に取り憑《つ》かれ、フランスの母后カトリーヌ・ド・メディシスが約二万人の新教徒を殺戮《さつりく》した「聖バルテルミーの虐殺」の報を受けるや快哉を叫び、ただちに記念貨幣を発行し、神への賛歌をもってこの近世史上最大の大量虐殺を言祝《ことほ》いだ人物である。スペイン国内での数多くの異端審問や、領地ネーデルラントの「流血参事会」によるおびただしい死の翳《かげ》りを背負った王である。さらには、植民地中南米から運ばれる金銀と、またそれを上回る領地ネーデルラントからの税収だけを頼りに国内の産業育成を怠り、スペインを生産国家から徹底した消費国家に転落させ、挙句に二度にわたる国家破産宣言を平然としてのける酷薄王でもあった。

プロテスタントであるシラーは、もちろんこんなフェリペ二世が大嫌いである。別にプロテスタントでなくてもあまり近づきたくない人品骨柄である。しかもシラーは、人類の共生を心底願った『歓喜の歌』（ベートーベンの第九交響曲の合唱）の作詞者である。フェリペを嫌うことにかけては誰にも勝るものがある。いきおいフェリペの人物造形はことのほか手厳しくなる。そこで少し筆がすべる。つまり作者は、父王に反抗するこの歴史劇の主人公である皇太子ドン・カルロスを、己の政治理念の理想と義母との恋に張り裂かれる純真な青年に仕立て上げている。

だが実際には怯懦《きようだ》、驕慢《きようまん》、矯激《きようげき》の貴公子といったところが実像に近い。

もちろん父と子の亀裂の深刻さは史実であった。以前からその兆候が現れていたドン・カルロスの精神疾患はいよいよ進み、父に暗殺されることに怯《おび》え、ついには反撃を企てる。ネーデルラントに逃亡し、そこから父に一矢を報いるのだ。

そしてドン・カルロスは、ネーデルラントのブリュッセルで宗主国スペインへの反乱を企てるナッサウ伯オラーニエンに自分の計画をしたためた書信を送る。

それが駅逓長タクシスの手に落ちた。一五六八年のことである。

ドン・カルロスはただちに父王により幽閉され、やがて獄死する。もちろん父王の命による暗殺であるという噂《うわさ》は絶えなかった。

ときは十六世紀、郵便ネットワークは旅行業も兼ねた

さて駅逓長タクシス。

ライモンド・デ・タクシス（タシス）、一五一五年に生まれ、一五七九年に没している。皇太子ドン・カルロスの逃走劇を未然に防いだときはすでに五三歳、当時としてはかなりの老齢である。

事実、かれはスペイン王フェリペ二世よりも、王の父である神聖ローマ皇帝カール五世に仕える期間が長かった。それはたまゆらのハプスブルク世界帝国の樹立者カール五世に従い、ドイツ、フランス、ハンガリー、チュニスの戦場に身をさらし続けてきた奉公であった。そして、この頃には息子ホアンの成長を心待ちし、いつでも駅逓長の椅子を譲る覚悟でいた。そんな矢先の大手柄である。

ところで駅逓長は今でいう郵便局長である。しかしタクシスの場合、単なる郵便局長ではない。もっと大物である。貴族にも列せられている。当時の用語でいえばスペイン王国郵便総裁といった職責にある。

十六世紀のスペイン郵便制度は各州の中央郵便局長により運営されていたが、その中央郵便局長は、郵便総裁タクシスの推薦により王が任命することになっていた。そして、これら局長は各州での郵便営業権を用益賃貸料の形で郵便総裁に支払う。さらに郵便総裁の懐には、この賃貸料のほかに宮廷飛脚の費用の一割とスペイン全土の郵便料金の一割が転がり込んでくる仕組みになっていた。

当時の郵便業務は書信、小荷物、そして人の輸送である。旅は宿駅を利用して行われていた。これらの業務のなかで最重要視されたのが、王政府の命令書等の各地への輸送である。もともと近世初期の郵便制度は、この命令書の速やかな効率的伝達の目的で作られたのである。これらの郵便は官庁間の公用郵便なのでもちろん無料である。

しかしせっかくできたこの新しい通信ネットワークの利用を公用郵便に限定し、あとは眠らせておくというのはいかにももったいない。特に商人たちがこれに目をつけた。こうして私信、商用通信、商用小荷物そして旅などの郵便取扱い量が増え、それに合わせて郵便料金収入が飛躍的に伸びていく。

一五六二年に発刊された『ヨーロッパ旅行案内』によれば、スペイン各州の郵便局長配下の宿駅（＝郵便局）は合計二三五駅あったという。ちなみにヨーロッパ全体では一三一三の宿駅があった。なかでもイタリアが群を抜いていて六〇五駅。だからこの『ヨーロッパ旅行案内』はイタリアで発刊され、以後続々と版を重ねている。

いずれにせよ、十六世紀後半、ヨーロッパには相当濃密な郵便網が敷かれていたことがわかる。週一度の定期郵便に、富裕な識字階級と商人たちが群がった。

旅もまたそうである。商人はこの郵便網を利用して商用の旅に出る。王侯自身の旅も宿駅利用のそれである。事実、一五四八年、皇帝マクシミリアン二世がローマ王（神聖ローマ帝国皇太子）時代、アウクスブルクからスペインまで、また一五五一年、スペイン王フェリペ二世がインスブルックからスペインまで、それぞれ郵便網による旅をしている。郵便は旅行業をも兼ねていたことになる。

私信の監視が郵便総裁の重要な職責だった

この郵便網を統括するのが郵便総裁である。郵便総裁タクシスの収入が、いかに莫大なものであったかが容易に想像できるだろう。

それだけではない。

王政府の公用郵便が第一義なのだから、このネットワークに乗っかってやりとりされる

ヨーロッパ近代郵便制度の祖、フランツ・フォン・タクシス

私信もまた王政府の管轄下にあることになる。ときは「信書の秘密」という発想には程遠い頃である。

余談だが、十六世紀フランスのモラリスト、ミシェル・ド・モンテーニュの生涯を克明に追った堀田善衞は、こんなことを書いている。「当時書簡というものは、あて先に届くには届いたが、途中で開かれて、複数の人々によって読まれるということが大旨《おおむね》常態であった」(『ミシェル 城館の人』第二部)。

スペインももちろん、これが常態であった。とりわけ、スペイン本国となにやら不穏な動きが見られるネーデルラントとの間を往来する私信は、途中ですべて開封されることになっていた。これらの私信を監視するのが、郵便総裁の重要な職責であった。

そんな職責である。おいそれと誰もかれもが就ける職ではない。中世末期、近世初期、やはり家門がものをいう。すなわちライモンド・デ・タクシスが属するタクシス家。ライモンド・デ・タクシスは、叔父マフェオからスペイン王国郵便総裁職を引き継いだ。父はヨハン・バプチスタで、ライモンドはその次男坊であった。

父バプチスタは一五二〇年、皇帝カール五世から帝国郵便総裁の職を授かり、爵位も受けている。父は当時のヨーロッパ世界経済システムを支える二大商圏の一つネーデルラントのブリュッセルに本拠を置いた。実はここブリュッセルこそがヨーロッパ郵便網の中心地であったのである。ライモンドのもう一人の叔父シモンはやはり二大商圏の一つ北イタリアはミラノ公国の郵便総裁職を拝命している。このバプチスタ、マフェオ、シモンが世にいうタクシス家三兄弟である。三兄弟は嫡男に恵まれなかった伯父フランツ・フォン・タクシスから郵便事業を引き継いだ。フランツ・フォン・タクシス。タクシス家の家祖といってよい。とはすなわちヨーロッパ近代郵便制度の父といってもよいことになる。

ハプスブルク家に恩恵をもたらしたネーデルラント領有

タクシス家の郵便事業の盛衰は、ヨーロッパにおけるハプスブルク家の勢力伸長と軌を一にしている。

「中世最後の騎士」と謳《うた》われたハプスブルク家中興の祖である神聖ローマ皇帝マクシミリアン一世は、まだローマ王になる前、ブルゴーニュ公国のシャルル大胆公の一人娘マリーを后に迎えた。これが、ハプスブルク家の世界帝国飛翔のきっかけとなる。

ブルゴーニュ公家はフランス王家の分家である。主従関係でいえば、ブルゴーニュ公家はフランス王の第一の家臣となる。しかし公家がフランス王家におとなしく臣従するには公家の勢力が少し強大に過ぎた。公家は本領地ブルゴーニュ公国のほかに、これと隣接するネーデルラントをも領していた。

ネーデルラントは、毛織物産業を背景に北イタリアと並ぶヨーロッパ二大商圏の一方の雄である。歴代のブルゴーニュ公は、この有り余る富を惜しげもなく蕩尽《とうじん》した。フィリップ豪胆公、ジャン不実公、フィリップ善良公そしてシャルル大胆公と四代にわたるブルゴーニュ公が繰り広げた華麗な宮廷絵巻は、ホイジンガの『中世の秋』に詳しい。

そんなわけだからブルゴーニュ公家は、自立の気風がみなぎり、フランス王家の風下に立つことを潔しとしない。

さて、四代目シャルル大胆公は同時に軽率公でもあった。軽率公はついにブルゴーニュ公国のフランスからの独立の意図を露《あらわ》にした。公国を王国に昇格させ、神聖ローマ帝国の版図に入る。そしてゆくゆくは自ら神聖ローマ皇帝に即位する。こんな途方もない夢を抱きながらシャルル大胆公・軽率公はときの皇帝フリードリッヒ三世に近づいた。

フリードリッヒ三世は皇帝とは名ばかりで、後世、多くの人から「帝国の大愚図」とまで揶揄《やゆ》されたふがいない王者である。そしてハプスブルク家の宿痾《しゅくあ》である慢性金欠病に冒されている。そこでこのダメ皇帝は大胆公から金を引き出すために、一人息子マクシミリアンを逆玉の輿《こし》よろしく婿養子同然に、大胆公の娘マリーに差し出すことに決めた。このマクシミリアンこそが、鳶《とんび》が鷹《たか》を生んだといわれるほどに父帝に似ず、やがて英主となる後の皇帝マクシミリアン一世である。

ともあれ、ブルゴーニュ公家と皇帝家ハプスブルク家との同盟はなった。あとはマクシミリアンとマリーの華燭の典を待つばかりとなる。そこで大胆公は動き出した。

もちろん、ときのフランス王ルイ十一世もこのまま指をくわえて眺めている気は、さらさらない。こうしてブルゴーニュ戦争が巻き起こる。一四七四年のことである。

しかし当時の戦場は、古代ローマの歩兵ルネッサンスの舞台となっていた。この戦争は、スイス傭兵《ようへい》部隊の国際舞台への華々しいデビュー戦でもあった。つまり、実際の戦闘は華麗な金羊毛騎士団を主力とするブルゴーニュ騎兵と、フランス王に雇われた長槍《やり》を手に密集戦法を採るスイス傭兵歩兵部隊との間で行われたのである。

エリクールの戦い、グランソンの戦い、ムルテンの戦いとブルゴーニュ騎士軍はスイス傭兵歩兵部隊に連敗を喫する。そして一四七七年、ナンシーの戦い。ブルゴーニュ軍は、壊滅的敗北を迎える。折り重なる屍骸《しがい》の山から、シャルル大胆公の遺骸が発見された。フランス王ルイ十一世はただちにブルゴーニュ公国を接収し、その勢いで大胆公のもう一つの遺領ネーデルラントをもフランス王領に組み入れようとする。これに対して、大胆公の娘婿であるハプスブルク家の御曹司マクシミリアンが、敢然と立ちはだかる。マクシミリアンはスイス傭兵部隊に対抗すべく、南西ドイツから傭兵歩兵部隊をかき集め、ギネガテの戦いに臨んだ。一四七九年のことだ。

マクシミリアンの傭兵部隊は、かろうじてフランス軍を破った。以降、このドイツ傭兵部隊（ランツクネヒト）が、マクシミリアンの、そしてその後のハプスブルク皇帝軍の中核となっていく。

ともあれ、ハプスブルク家はネーデルラントを手に入れた。これは大きい。むろんネーデルラント各州、各都市が、そのままハプスブルク家の支配をすんなりと受け入れたわけではない。密かにあるいは公然と抵抗の牙《きば》を磨《と》いでいる。

「中世最後の騎士」と謳われた皇帝マクシミリアン一世（ウィーン美術史美術館蔵）

事実、マクシミリアンは一時、ブリュージュ市で一〇〇日以上、軟禁状態にもあっている。いわゆる「ブリュージュ俘囚《ふしゅう》」である。これはマクシミリアンがローマ王に即位し、父帝の共同統治者となったわずか二年後、一四八八年のことである。しかしそれにしても、ローマ王たるものが一都市の俘囚となるとは！　情勢はまだまだ流動的である。しかしそれでもこのネーデルラント領有は、ハプスブルク家に計り知れない恩恵をもたらしてくれた。

そしてマクシミリアンは、この莫大な持参金をもたらしてくれた最初の妻マリーが死ぬと、やがてミラノ公の娘を後妻に迎えることになる。つまりハプスブルク家のヨーロッパ戦略が、南に眼を向けられたのだ。

これは、フランス王家とて同じだ。

ルイ十一世の後を襲ったシャルル八世が、総勢九万の軍を率いイタリアに侵攻する。主力をなすのは、一騎打ちという戦いの美学をとことんまで追い求め、自らの立ち居振る舞い、礼儀作法、生活様式を典礼の美にまで高めたかと思われる華麗なフランス騎士軍である。しかしこれら一糸乱れぬ騎士軍は、実は飾りにすぎない。隠れた主役は多数の傭兵、とりわけ歩兵の中核をなすスイスの長槍部隊であった。

スイス傭兵部隊は笛や太鼓に合わせてうっとうしげにリズムをとり、行進する。原始的で不合理な習慣、勇猛さと隣り合わせの残忍さ、恐ろしい戦いの雄叫び。どれをとっても彼らは、イタリア人を恐怖のどん底に陥れた。ヨーロッパはやがて、戦争が殺戮戦を目的とした「邪悪な戦い」に変質していくのを目の当たりにすることになる（ラインハルト・

バウマン、菊池良生訳『ドイツ傭兵の文化史』参照)。

その意味で、シャルル八世のイタリア侵攻の一四九四年を近代の黎明《れいめい》とみる史家も多い。確かにこのとき、ヨーロッパに「力の均衡」という概念が生まれた。ここに職業外交官が初めて誕生する。各国は、主要都市に大使館を設置し情報収集にあたる。外交文書の量が級数的に高まった。従来の情報伝達制度ではとても間に合わない。新しい情報ネットワークの構築が急がれた。ときはまぎれもなく近代の黎明に入っていた。

古代ペルシャ帝国の宿駅制度が範

こうしてハプスブルク家とフランス王家のイタリア権益をめぐる約半世紀にわたるイタリア戦争が起こる。特にミラノをどちらが手にするか？　そのミラノ情勢、そしてハプスブルクの支配がいまだ磐石とはいえないネーデルラント情勢はいったいどうなっているのか？　情報が欲しい！　のどから手が出るほど欲しい！

この頃マクシミリアンは、北イタリアのミラノとネーデルラントのブリュッセルの間にあるチロルのインスブルックに政庁を構えていた。これは、父帝フリードリッヒ三世の従弟であるジークムント豊貨公が酒色におぼれたまま嫡子なく逝き、空き家となったチロル伯領を妹婿でもあるバイエルンのアルプレヒト賢公（狡猾《こうかつ》公とも渾名《あだな》される）の野望を抑え、マクシミリアン自らが領した結果であった。

思えば近世初期の大都市は、コンスタンティノープルからロンドンに至るまで、ほとんどが大河を有したり海沿いに位置していたりで、大都市への物資の供給が容易になっている。もちろん物資とともに、情報も入ってくる。

ところがハプスブルク家の領地は、新しく手に入れたネーデルラントは別にして、基本的には中央ヨーロッパにある。海路は望めない。ここインスブルックもそうだ。かといって運河の建設による水路確保には、気の遠くなるほどの金が要る。残る手段は陸路のインフラ整備しかない。陸路だから大量のかつ迅速な物資輸送はできないが、情報伝達は十二分に可能だ。こうしてマクシミリアンは、インスブルックで、イタリアとネーデルラントの情勢を居ながらにして手に取るようにわかる情報網の整備を考える。

これこそ、ハプスブルク家のヨーロッパ戦略に欠かすことのできないものであった。ときはまさしく、グローバリゼーションの第一期が始まるヨーロッパ十六世紀を迎えようとしていた。

もちろん、この第一期グローバリゼーションの波は、十六世紀に始まるヨーロッパ世界経済システムの確立によるものであった。しかしこの経済的要因と並んで、ネーデルラントを獲得し、やがて北イタリアの覇権を握ったハプスブルク家が、世界帝国を志向したという政治的要因もまた決して見逃すことはできない。

このハプスブルク家の政治的エネルギーが、十六世紀ヨーロッパにあるメディア革命を引き起こしたのである。つまり近代郵便制度の始まりである。

世界帝国を志向したハプスブルク家の政治的エネルギーは、必然的に伝達メディアの革命を目指すことになる。なぜなら「コミュニケイションの手段こそは、実効的な支配を行ないうる政府を確立するための第一条件だったからである」(イマニュエル・ウォーラーステイン、川北稔訳『近代世界システム』Ⅱ)。

そしてそれは十四世紀、十五世紀にイタリアを発信基地として、凄まじい勢いでヨーロッパ各地に飛び火したルネッサンスに端を発している。こうしたルネッサンスの高揚は、なにも芸術文化に限るものではない。たとえば、騎士軍という封建正規軍の崩壊を加速度的に速め、以降、数百年にわたってヨーロッパの戦争の帰趨《きすう》を握った傭兵歩兵部隊も、古代ローマの歩兵密集方陣ルネッサンスの申し子であった。

ハプスブルク家の世界帝国志向がもたらした伝達メディア革命もまた、もとはといえば十四世紀イタリアのミラノで始まった、古代ローマ帝国の公用郵便＝駅伝制のルネッサンスの産物であった。古代ローマ帝国の公用郵便＝駅伝制はカエサルが発案し、初代皇帝アウグストゥスが完成させた。しかしこれは二人の創見によるものではない。お手本があった。二人は帝政確立の鍵を握るコミュニケーション・システムの構築を、古代ペルシャ帝国の駅伝制度に範を求めたのである。

どうやら、十五世紀末から十六世紀にかけてのヨーロッパのメディア革命のルーツは遠き古代ペルシャ帝国にあったらしい。ここで、どうせなら、ペルシャの駅伝制度が古代ローマ帝国に伝播《でんぱ》し、やがて十四世紀イタリアで復興する経緯を瞥見《べっけん》しておくのも決して無駄な回り道とはならないだろう。

そして幸いなことに、道案内には格好なルートヴィッヒ・カルムスの『郵便の世界史』という名著が、手許にある。

第一章　古代ローマ帝国の駅伝制度

近代郵便の雛形《ひながた》、駅伝リレー輸送システムの開発

「歴史の父」ヘロドトス（前四八四頃―前四二五頃）は旅の人であった。そして見聞を書き残した。ペルシャを旅したとき、かれは宿駅制度を目の当たりにし「この世にこれほど速い配達制度はどこにもない！」と驚嘆する。なにしろペルシャ王の伝令使は、スーサ（アケメネス朝の首都）とエクバタナ（メディアの首都）間の約四五〇キロの距離を、一日半で踏破してみせるのだ。つまり、一日で三〇〇キロ！　騎馬伝令と宿駅ごとの馬の交換システムが、このスピードを生んだ。

この「歴史の父」より少し時代が下った前四〇一年、一万人のギリシャ人傭兵を率いてペルシャの内戦に参加し、一敗地《いっぱい》にまみれ、「敵中横断六〇〇〇キロ」を命からがら逃げ帰った軍人哲学者クセノフォンもまた、ペルシャの宿駅制度に目を見張った一人である。

かれによれば、このとてつもない速さを誇る宿駅制度の発明者は、アケメネス王朝の創始者であるキュロス大王だという。

王は賢明にも、自分の大帝国の中央集権的統治は無理だと見抜いた。そこで行政地域を

うまく分割し、それぞれに地方長官を置いて統治の効率化を図る。そのためには情報網の整備である。最も遠く離れた地方からいかにして最善の形で情報を得られるか？

王は一人の騎馬伝令が一日で行ける距離を計算した。そしてその距離ごとに廏《うまや》と宿舎を街道筋に建てさせる。こうして宿駅ごとに中央政府の命令書等の公用郵便を受け取り、休養も十分な新しい馬でさらに配達する配達人を常駐させたのである。つまり駅伝によるリレー式輸送システムの開発であった。これはまさしく近代郵便の雛形といってよいだろう。しかし決定的に違うところがあった。つまりこの新しい情報インフラの利用は王とその官吏だけに限定されており、民間人の利用はタブーであった。

ところで、古代ペルシャ帝国時代にあって、文書によりコミュニケーションをとるような民間人はそうはいなかったはずである。字が読める階級のものが、王政府と無関係に文書をやりとりする。それだけでその民間人は王政府により危険人物視されることになった。そのような人物は、だいたいが反乱分子というのが通り相場であった。それだけに監視の目が厳しい。ヘロドトスが残した逸話にこんなものがある。

ペルシャの反乱分子が密書を送る場合、奴隷の髪を刈り込み頭皮に手紙を書き、奴隷の頭に毛が揃うと、奴隷を相手方に送り、相手方は早速、奴隷の頭の毛を剃《そ》り、密書を読んだというのである。

やはり、ヘロドトスが伝えていることだが、ギリシャの軍備を探っていたペルシャの密偵が、ペルシャ王クセルクセスに密書を送った。密偵は書き板を二重にして、まず上の蠟《ろう》を削り取り、そこに文書を書き、それからその上に再び蠟を流し込み、書き板にはなにも書かれていないかのように装ったというのである。

いつの時代でも情報戦は隠微である、ということか。「よらしむべし、知らしむべからず」と、情報の独占を狙う為政者とそれをかいくぐろうとする反乱分子の熾烈《しれつ》な戦いがあった。

しかしここで注目すべきことは、当時の手紙の材料は陶板が主流で、不便このうえなかったことである。やがて、運搬と保管に便利な羊皮紙が使われるようになる。そしてエジプトにはパピルスが現れ、手紙の量が格段に増えることになる。同時にペルシャの宿駅制度が改良され、エジプトで花開く。

ペルシャの宿駅制度は、アレキサンダー大王の大帝国に受け継がれ、そして大王の死後、大帝国を分割した将軍たちが建てた諸帝国にも引き継がれる。とりわけ、エジプトのプトレマイオス王朝（前三〇五―前三〇）で、宿駅制度は格段の発展をみた。

船より断然早く、日に三回郵便が発着した

エジプトに駅伝制度が整備されていたことを示すパピルス文書は、前三世紀頃に書かれたものだといわれている。プトレマイオス王朝の駅伝制度は、古代ペルシャのそれにびっくりするほど酷似している。このことから、駅伝によるリレー式輸送システムはヘレニズム時代の発明ではなく、古代ペルシャの模倣《もほう》であるという推測が成り立つのである。

さて、エジプトといえばナイルである。物資流通の大動脈で、輸送は安全でコストが安い。にもかかわらず手紙の輸送はこの水路ではなく、陸路で行われたらしい。エジプトは平坦な土地が多い。であるならば、リレーシステムによる輸送のほうが船のそれよりも断然早いことになる。エジプトの郵便も、古代ペルシャと同じく公用に限定されていた。そして命令書などの輸送は、迅速が第一である。しかもその速さを保証する馬の交換、宿駅の建設等々の費用は周辺住民への賦役（無償強制労働）で賄われたので、コストはべらぼ

うに安くついた。王政府が陸路を選んだ理由である。

日に三回、郵便が発着した。宿駅間には郵便付添い人が同道し、発着の時間を正確に記録し、郵便物の管理を行った。郵便の量と種類と受取人の名前も宿駅ごとに記録され、万一の紛失に備えた。その備忘帳には、郵便の発信人も受取人も、王の名前が一番頻繁に登場してくる。次に財務大臣である。いかにエジプト郵便が国家機密事項を輸送する国家郵便であったか、ということがわかるというものである。それゆえ、この駅伝制度の維持には警察が投入され、厳重な監視にあたったのである。民間人がこれを利用して私信を郵送するなどとてもできない相談であった。もっとも、いつの時代でも抜け道がある。驚くほど高額の賄賂《わいろ》で私信の輸送を頼んだ例もなくはなかったらしい。

ところで、ナイル河畔に群生するパピルスは文書を書くのにとても便利であった。陶板や羊皮紙に比べて重量も軽く、輸送に好都合であった。王政府関係者以外の民間人も手軽に手紙を書けるようになる。しかし王政府の郵便は原則として利用できない。

そこで、ちょうど手紙の目的地に行く知人や友達に手紙を託すことが、最もよく行われた。この場合は配達する手紙は一通で、配達人も相手を知っているケースが多かったので、

6世紀エジプト、パピルスに書かれたコプト人の手紙。コプト語は象形文字ではなくギリシャ文字で表されている

いちいち住所など書く必要はなかった。しかし稀《まれ》に、特に遠距離の場合など特別に配達人を雇い、手紙の運搬を託すことがあったようである。こういう場合は返事も同じ配達人にもらってくるように頼むので、配達人は返事が書き終わるまで待っていなければならなかった。

いわゆるプロの配達人が存在していたことになるのだろうか？　この点に関してはよくわかっていない。

遠距離間での情報のやりとりを必要とするのは、民間では、なんといっても商人である。しかしプトレマイオス王朝では、商業活動の大半は王政府の独占であった。つまり、自前の配達人を雇い、情報のやりとりをするような大規模な民間の商会は存在していなかった、ということである。王政府主管の商業ならば国家郵便ネットワークに乗ることができる。だとすれば、代金引き換えに誰でも利用できる民間ネットワークが存立する基盤は、ほとんどなかったとみてよいだろう。

ところで、パピルスに書かれた手紙は何語で書かれたのか？　アレキサンダー大王による征服以降、エジプトの日常言語はギリシャ語となった。とはすなわち手紙もギリシャ語で書かれたことになる。こうした状況はローマ時代でも変わらず、アラブによる征服以降、ようやくエジプトではギリシャ語がアラビア語に取って代わられたのである。

要するに、ペルシャの駅伝制度をさらに発展させたプトレマイオス王朝とは、まぎれもなくギリシャ人王朝であったということである。いってしまえば当たり前のことだが、今一度確認しておいても悪くはない。さらには、三三〇年から一四五三年までの一一〇〇年にわたってトルコ、ギリシャ、アルバニア、ブルガリア、ユーゴ周辺を支配したビザンティン帝国（東ローマ帝国）の公用語がギリシャ語であったということも重要な意味を持つ。アラブ・イスラム世界とギリシャ文化との接触が、中世以降のヨーロッパの歴史に大きな影響を与えているからである。

それでは、キリスト教と並んで、ヨーロッパ文化の源流といわれている古代ギリシャにおける情報インフラは、どのようなものであったのだろうか?

カエサルは情報ネットワークとして駅伝制度を導入

前四九〇年、ギリシャ、アッティカ東海岸の小村マラトンにペルシャ軍の大軍が上陸した。迎え撃つのは、ミルチアデス率いる一万のアテナイ軍。アテナイ軍は、プラタイアイからの援軍とともにペルシャ軍を撃破した。この勝利を一刻も早く、アテナイに知らさなければならない。マラトンからアテナイまでの距離は、約四〇キロメートルであった。一人の勇士が伝令の役を引き受ける。かれは一挙に走破してアテナイ市民に戦捷《せんしょう》を報じ、そのまま絶命した。

近代オリンピックの華であるマラソンがこの故事にちなんだ競技であることは、今さらいうまでもないだろう。

それはともかく、これからもわかるように、古代ギリシャの情報伝達は徒歩飛脚によるものであった。ギリシャは強力な中央権力が存在せず、大小の都市国家がせめぎ合っていた。そしてペルシャ戦争のような大事がない限り、都市国家間での連絡はほとんどなかった。都市国家にとって重要な情報は、海外の植民地の情勢である。その情報は、徒歩飛脚によってもたらされていたのである。これはペルシャの駅伝制度に比べると、かなり非効率的であった。それでもヘロドトスによると、ギリシャの飛脚は驚異的な速さを誇っていたらしい。なんでも、アテナイからスパルタまでの距離二〇〇キロメートルをわずか一昼夜で走破した、というのだから驚きというしかない。

いずれにせよ、ペルシャの駅伝制度はギリシャを素通りし、エジプトのプトレマイオス王朝に根づいた。そしてそこからいよいよローマに伝播する。

とはいっても帝政前のローマでも、書信のやりとりはもっぱら飛脚によるものであった。その飛脚には四種類あった。まず地方総督の訓令兵で、かれはローマと地方との連絡を任務としていた。次に国家の文書連絡係、国に営業権料を支払う用益賃借人飛脚、そして奴隷や解放奴隷が料金と引き換えに、頼まれれば誰に対しても手紙の輸送を引き受ける職業としての飛脚である。

この四種類のうち、後二者はいずれも民間の飛脚であるが、飛脚の仕事はなかなか大変なものだったらしい。肉体的にかなりきつく、過度の緊張を強いられるものであった。と

古代ローマの公用郵便制度では、馬と馬車の導入が図られた。公用文書の輸送だけでなく、官庁の役人輸送も受け持った旅行馬車であった

きには途上で殺される危険もあった。そんなわけで、飛脚の仕事は奴隷に対する一つの刑罰とも考えられていたのである。こうして飛脚にはギリシャ人、ガリア人、リグリア人（イタリア北西部）、ヌミディア人（アルジェリア）、リビア人、ダルマチア人などの奴隷が使われた。なかでもリビア人飛脚の速さは有名で、一日七〇〜一〇〇キロ走ったといわれている。

もちろん、それなりの報酬はあった。ローマ人は手紙好きで、よく知人や友人に書いたので飛脚は重宝された。プトレマイオス王朝とは違って民間の商売も盛んで、手紙による取引が商活動の大部分を占めた。そこでローマに本拠地を置く大手の商会では、地方との連絡に自前の飛脚を抱えるようになっていった。この商圏の拡大は、もちろんローマの勢力範囲のそれと軌を一にしている。ローマは、イタリア半島を飛び出て、ヨーロッパ各地に属州を獲得するようになる。ローマと属州を行き来する公用文書の量が飛躍的に増えてくる。すると、その効率的運送が大きな政治的意味を持ってくる。こうしてローマに公用郵便制度が出来上がり、配達に馬と馬車の導入が図られるようになる。すべての道はローマに通ず、とあるように道路インフラ整備はローマのお家芸であり、この導入はスムーズに運んだ。馬車が必要になったのは、ローマの公用郵便は公用文書の輸送だけではなく、官庁の役人輸送も受け持っていたからである。

そして帝政の意志を露にしたカエサルは、「すべての情報がローマに通ず」というような濃密な情報ネットワークの構築を急いだ。かれはプトレマイオス王朝に範を仰いで、ローマの多くの幹線道路に駅伝制度を導入したのである。

歴代皇帝たちの駅伝制度改革

駅伝制度の導入はローマの中央集権化の一環であった。志半ばに斃《たお》れたカエサルの遺志を継いだアウグストゥス（在位前二七―後一四）は、初代皇帝となりローマを名実ともに帝国に改編する。

この君主制のもと、駅伝制度は飛躍的な発展をみせる。馬と宿駅の費用は周辺住民による賦役によって維持されるのだから、次々と宿駅が建設された。配達人は国家機密事項文書を輸送する関係上、軍隊に編入されることになる。またこの駅伝制度ルートに乗って、ローマと地方を往来する役人には旅券（駅伝利用許可証）が発行された。もちろん、この旅券乱用に対する罰則規定も設けられた。

ローマ帝国の駅伝制度は完成形に近づくが、しかしそうなればそうなるほど、幹線道路周辺の住民の負担が増すばかりであった。とりわけ人の輸送に関しては、帝国の威光を笠に着て威張り散らす小役人たちの接待を含めて、莫大な費用がかかる。

そこでハドリアヌス帝（在位一一七―一三八）は、この駅伝利用の監視を強め、駅伝利用者を国家から直に俸禄をもらう役人だけに限定し、周辺市町村の負担を軽減しようと努める。だが賦役がなくなったわけではない。

セウェルス帝（在位一九三―二一一）はその賦役を全廃し、維持費を国庫から支払うことで駅伝の完全国有化を図ったが、彼の息子のカラカラ帝（在位二一一—二一七）により賦役はあっさり復活してしまう。

皇帝にとって、この駅伝制度による人の輸送は、ある意味では公用文書の輸送よりはるかに重要であった。なぜなら、ローマから地方を旅する皇帝の役人の主たる役目は巡察だったからである。つまり駅伝制度が、帝国全体への監視体制強化に利用されることになったのである。それゆえ、皇帝の近衛隊長が駅伝制度の事実上の総責任者となる。

しかし巡察使とは、どんな時代でも地方の嫌われ者である。そして秘密警察の色彩を帯び、人々の怨嗟《えんさ》の的となる。そうなると、それに比例するかのように巡察使の仕事ぶりは必要以上に厳しさを増し、あちこちで軋轢《あつれき》を引き起こす。地方からの苦情は絶えなくなる。

そんななか、帝国の拡大は止め処もなく続いた。これに対して、行政改革の必要性が叫ばれる。そこでディオクレティアヌス帝（在位二八四—三〇五）は、帝国を四つに分ける四分治制度を布いた。これにより、帝国全体への監視体制の分業化が避けられなくなってくる。巡察使制度は廃止され、地方の監視はそれぞれの総督にゆだねられた。また帝は、駅伝制度を早便と荷物便に分け、騎馬伝令の強化に努めた。

しかし、やはり賦役がなくなったわけではない。むしろ少し時代が経つと、賦役が増える要因が出てきたのだ。

ローマ・カトリックに帰依《きえ》したコンスタンティヌス大帝（在位三〇六―三三七）が、ローマ教会の高位聖職者に駅伝制度利用の許可を与えたのである。すると抜け目のない連中が、皇帝の役人より聖職者のほうが与《くみ》しやすしとみて擦《す》り寄り、この許可証を譲り受けて闇《やみ》商売を始めた。なにしろ輸送費の大半が賦役で賄われるので、これほどおいしい商売はなかったことになる。もちろん当局の手入れがあったが、取締りと抜け道とのいたちごっこに終始した。どうやら帝国全体の箍《たが》はこのあたりからだいぶ緩んできたようにみえる。帝国は、あまりにも版図を拡大しすぎたのである。

コンスタンティヌス大帝の甥《おい》は伯父帝の三代後に帝位を継いだ。これがユリアヌス帝（在位三六一―三六三）である。帝は公然と異教に転向したため、キリスト教会から「背教者」と呼ばれた。ユリアヌス帝の在位はわずか二年にすぎないが、その短い治世で帝は善政を試みた。その一つが駅伝制度の改革である。民衆の賦役を軽減するために、駅伝の維持費用を国庫負担にした。そして主要幹線道路以外の駅伝を廃止した。しかしもちろん、この改革も長続きはしなかった。

いずれにせよ、このように歴代の皇帝がそれぞれに駅伝制度改革に手を染めたということは、この情報インフラが帝国統治に欠かすことのできないシステムであったことの証左である。しかしその帝国そのものが、長年の制度疲労に冒されることになる。そして、やがてローマ帝国は東西に分裂する（三九五年）。

コンスタンティヌス大帝のコンスタンティノープル（現トルコのイスタンブール）への遷都以来、主要な国家管理機構と軍事機構を根こそぎ東ローマ帝国に持っていかれた西ローマ帝国は、各ゲルマン部族の侵入に対して丸腰同然となった。統一国家もへったくれもない。各地で実力者が勝手に皇帝を僭称《せんしょう》し、一説には総計三〇人の偽皇帝が現れたという。こうなると駅伝制度は崩壊する。強力な中央政府が帝国全体の監視体制を構築するための情報インフラが、中央政府崩壊とともに、そのレーゾンデートルを失ったからである。

西ローマ、すなわち西ヨーロッパは情報閉塞《へいそく》状況に陥った。だが、これでコミュニケーション手段がまったく途絶えたというわけではない。それでは十四、十五世紀の駅伝ルネッサンスに至るまで、西ヨーロッパ中世にはどのような伝達メディアがあったのだろうか。

第二章　中世の伝達メディア

王の使者としての伝令使、騎馬飛脚

西ローマ帝国の崩壊にともなって、西ヨーロッパにくまなく張り巡らされていた駅伝制度も崩壊していった。しかしだからといって、人の往来がまったくなくなったわけでは決してない。そして人の往来は、必然的に情報をもたらす。

考えてみれば、古来、駅伝制度の恩恵に与ることができない庶民は、異郷の出来事を旅する人々から聞いていた。町や村にやってきた旅人の周りはあっという間に黒山の人だかりとなり、皆、エキゾチックな話に耳を傾けたのである。多くの年代記に「これは当市にやってきた旅人から聞いた話である云々」とよく書かれているのが、これである。カエサルの『ガリア戦記』にも、ガリア人が旅人から熱心に情報を収集している様子が描かれている。

その旅人とはどのような人間なのか？　より正確にいうと、情報を収集するに足る旅人である。かれは氏素性がはっきりとしていなければならない。中世定住社会から締め出された流浪の民は差別の対象であり、人々はかれらから情報を聞き出そうとはしない。

人々が無理にでも引きとめ、見聞してきたことをあれこれとたずねる旅人とは、最高のレベルでいえば、国王や教会の命を受けた伝令や使者だが、これにはそうおいそれとは近づけない。ほかに商人、巡礼、僧侶、学生、食肉業者などがいた。

馬車で食肉を購入したり市場を巡ったりしていた食肉業者に関していえば、「中世末期には、旅に出る肉屋が――その一部は義務として――郵便を運ぶようになる」（オットー・ボルスト、永野藤夫他訳『中世ヨーロッパ生活誌』2）とあるように、かれらは飛脚の仕事を引き受けていた。

それでは、西ローマ帝国滅亡から十四世紀イタリア・ルネッサンスにおける駅伝制度復活までの西ヨーロッパ中世で、明確に情報の運送を職業として、あるいは使命としていた人々とはどんな人々であったのか？

まずは、一般庶民がおいそれとは近づけない国王の使者たちがいた。

西ヨーロッパでは群雄割拠のなか、今のフランスを主な領地とするフランク王国が次第に版図を広げていった。そして九世紀、カロリング朝のカール大帝のときに西ヨーロッパのほとんどを支配下に治めた。南北でいえば北海から中部イタリアまで、東西はエルベ川から南スペインまで広がるこのフランク王国にとって、コミュニケーション手段の整備こそが国家防衛体制の要であった。

王国といっても高度の中央集権体制ではない。王自らが、国中を旅しながら、その威光を示さなければならなかった。決まった首都などはなく、王がそのとき在《おわ》すところが臨時の首都となる。いわゆる巡回王権である。そして王の使者はそのつど法律、勅令を王国各地に運んだ。ニーダーザクセン州にある、ヴォルフェンビュッテルのアウグスト公図書館にはカール大帝の勅令が保存されているが、それは幅が短い代わりに長さが長大で、騎馬伝令の鞍《くら》袋に収められ運ばれていた、といわれている(ベルント・シュナイトミュラー『中世の手紙と使者』参照)。

こうした勅令、裁判文書や行政文書を運ぶ使者は二人一組で行動し、王から特権を与えられていた。すなわちカール大帝は、諸侯らの不輸不入の権の乱用を抑え、伝令使が自由に諸侯領を通過し、宿の提供を受けられるようにしたのである。この伝令使は国王直属の家来で、家内役職に従事していたミニステリアーレス(家士)が務めた。このように国王の家之子郎党に諸侯領を自由に通過させたのは、もちろん諸侯の地方的特権を抑え、もって王権の強化を狙ってのことであった。

この伝令使のほかに王政府は騎馬飛脚を抱えていた。かれらは比較的下層階級の出身でもちろん特権などは持っていない。手紙や口頭の情報伝達だけを受け持ち、場合によっては、相手からの返答が出来上がるまで待たなければならなかった。

さて、王が抱えるこれらの伝令使や騎馬飛脚、あるいは徒歩飛脚に関する史料は、八四三年のヴェルダン条約によるフランク王国の分裂と崩壊以後、ぱったりと姿を消した。こうした王侯たちの飛脚が再び史料に登場するのは、十二世紀のことである。

使僧に託され全ヨーロッパを往来した「死者の巻物」

ところが王国は分裂しても、教会組織は全ヨーロッパ組織としてますます強固なものとなっていた。全国的行政組織が崩壊した今、頼りとなるのは唯一の全国組織である教会となる。こうして教会は、本来の宗教活動以外に政治・経済への影響力を行使することになった。

ローマ・カトリックの総本山であるローマ教皇庁と全ヨーロッパの教会や修道院との間

で、多くの手紙がやりとりされる。その手紙を運ぶのは、教皇の紋章が描かれた小箱を持って旅する使僧である。

中世初期、ローマ教会の力は北へ北へと伸びてゆく。使僧の旅もこれに応じて長大なものとなる。修道院から修道院へ、そしてローマに手紙や書籍を運ぶ使僧は、ときとして私信の運搬も頼まれる。特にスカンジナヴィア諸国では、これが普通に行われた。大きな港湾都市で手紙が集められ、それが使僧に託されるのである。なんといってもかれらは信頼できるし、しかも「無報酬」で請け負ってくれる。教皇庁のほうもこれを推奨した。事実、教皇ウルバヌス四世（在位一二六一―六四）は一二六二年、ストックホルムにできたこの種の手紙の集積所に祝福を与えている（ゴットフリート・ノルト『中世の飛脚制度から皇帝マクシミリアン一世による郵便創設まで』参照）。

ローマ教皇庁とヨーロッパ各地の教会組織との連絡だけではなく、教会や修道院同士の連絡も頻繁に行われていた。とりわけ、当時の知的センターであった修道院同士の往来には、目を見張るものがあった。

一〇四六年一一月初め、スペイン北東部にあるキュクサ僧院から一人の使僧が旅立った。

中世初期、ローマ教皇庁と全ヨーロッパの教会や修道院との手紙の運搬は教皇の紋章が描かれた小箱を持った使僧が受け持った（左）
訃報の回状である「死者の巻物」を持ってヨーロッパ中の僧院に訃報を伝え歩くのは、使僧の重要な役割であった（右）

かれは冬のうちに南フランスの諸僧院を巡回し、翌年四月にはブルゴーニュのオータン、クリュニーに到着し、五月にピレネーの南に着き、スペイン東部を回り、六月、最後の目的地セオ・デ・ウルヘルに到着する。実に全行程八ヵ月にわたる長旅であった。その間、かれは九三箇所の僧院を訪れている。そしてそのつどかれは、肌身離さず携行した巻物を僧院長に差し出し、弔辞を書いてもらっている。つまりこの使僧の使命は、キュクサ僧院で急死した司教オリバの訃報《ふほう》を各僧院に知らせることにあったのである。各僧院長は司教オリバの死を悼み、使僧が運ぶ巻物に弔辞を書く。この巻物を「死者の巻物」という（渡邊昌美『フランス中世史夜話』参照）。

訃報の回状である「死者の巻物」は、死者の生前の名声によって運ばれる僧院の数も違ってきて、巻物の長さにも差が出てくる。現存するうちで一番長いのは、ウィリアム征服王の娘でノルマンジーの聖三位一体尼僧院長マティルドの巻物で、二一メートル、回った僧院が合計二五三であった。

この「死者の巻物」の慣行は、十六世紀まで続いたといわれている。たとえば一五〇一年七月、オーストリア南東部のシュタイアーマルクの聖ランプレヒト僧院を出発した使僧は、クラーゲンフルト、グラーツ、ザンクト・ペルテン、ウィーン、アドモント、リンツ、レーゲンスブルク、ニュルンベルク、ヴュルツブルク、フランクフルト、アーヘン、ケルン、カールスルーエ、シュトラースブルク、バーゼル、シャッフハウゼン、オーバーバイエルンと回り、そして一五〇二年四月に出発地に戻っている。訪れた僧院が二四〇、巻物の長さは五メートル一〇センチに及んだ（ノルト、前掲書参照）。

これだけ政治的にも経済的にも文化的にも重要な箇所を回ったのだから、ただ弔辞を書いてもらっただけではすまない。この「死者の巻物」とともに、膨大な情報が回流したであろうことは容易に察しがつく。当時、尼僧は旅に出ることができなかったので、多数の尼僧院からの請願書等々がこの使僧に託された。また世俗領主や帝国都市も、多くの手紙をゆだねた。それだけ、この僧院の使僧は安全だとみなされていたのである。

しかし一方では、神聖ローマ皇帝とローマ教皇の間での叙任権闘争が熾烈を極めた十一世紀から十三世紀にかけて、僧院の使僧が旅の途中で襲撃されることもあった。そこで各僧院は、平信徒に手紙の運搬を託した。なかには敵の目をごまかすために、若い女性や子供まで使った僧院もあった。

いずれにせよ、僧院は「死者の巻物」を通じて大量の情報を手にしたのである。「僧院が武力をもたぬ世捨人の集団でありながら、文化的にも政治的にもあれほど大きな役割を演じることのできた背景には、彼らが必死に集積した膨大な情報があったのだ」(渡邊昌美、前掲書)。

まさに知ることの強みであった。しかしこの情報の伝達と蓄積と整理は僧院だけにとどまらない。僧院の学院から出発した大学がやがてこのノウハウを精度高く確立していく。

十六世紀に全盛を誇ったパリ大学飛脚制度

十二世紀以降、ヨーロッパ各地で大学創建ラッシュが続いた。大学には各地から多くの若者がやってくる。学生たちは故郷の家族と手紙をやりとりし、衣服や金の無心もする。そこで大学当局がその業務を引き受けることになる。大学飛脚制度である。

大学飛脚は当局から通関手数料と税の免除という特権を与えられた。都市の名望家がこの大学飛脚営業権を手に入れた。かれらは多くの飛脚を雇い営業を行った。当時の大学は学生の出身国別に団体ができ、授業をはじめとして学生生活はすべてこの単位で行われていた。大学飛脚はそんな同国人会のためにさまざまなサービスを提供した。

多くの大学で制度化されたこの大学飛脚のなかで、最も発展したのがパリ大学のそれである。パリ大学は一万五〇〇〇の学生を擁する中世ヨーロッパ有数のマンモス大学であった。これだけの数の学生が故郷を遠く離れてパリで学生生活を送っている。かれらは等しく故郷の情報と経済的支援を必要としている。この切実な要求を満たしてくれたのが、パリ大学の大学飛脚である。そのうち、教授や学生などの大学の構成員以外のものも、大学飛脚を利用するようになってくる。大学飛脚は、一般市民の差し出す手紙も少し割高な料金で運搬を引き受けた。こうして利益を上げた大学飛脚は、十四世紀には月一回の定期便を走らせるようになった。これは、フランス全土の司教区の間での使僧の往来をはるかに上回る頻度であったので、人々はいっそう大学飛脚を利用するようになった。これに従い輸送ルートも増えていき、その

大学当局が業務を請け負った飛脚。最も有力だったのがパリ大学飛脚

中継地点ごとに集配施設も作られるようになる。十五世紀にはパリ大学飛脚は行政文書、裁判文書輸送の特権も手にした。さらには十六世紀になると週二回の定期便が走ったというのだから、大学飛脚は国家郵便とほとんど遜色《そんしょく》ないことになる。事実、この大学飛脚の発展こそが、フランスがドイツに比して国家による近代的郵便制度の整備に出遅れた大きな原因である、とする史家もいるぐらいであった（ブリギッテ・シュナイトル『フランス郵便』参照）。

しかしこのパリ大学飛脚は十七世紀にはいると、フランス絶対主義形成の過程で徐々に国家郵便側からの攻撃の対象となり、さまざまな特権が剝《は》ぎ取られ、十八世紀には終焉《しゅうえん》を余儀なくされることになる。しかし中世盛期から近世初期にかけて、フランスの伝達メディアの中核を成していたのは間違いなくパリ大学飛脚であった。

ちなみにドイツのゲッティンゲン、ハイデルベルク、イエーナ、オーストリアのウィーン等々の錚々《そうそう》たる名門大学にも大学飛脚が設けられた。しかしこれらの大学飛脚はマクシミリアン一世から始まる皇帝政府による郵便制度確立のあおりを受けて、あるいは後述するが商業の発展による都市飛脚の台頭のために十五世紀末以降、徐々に姿を消していくことになる。

「北欧商業」の潤滑油、ドイツ騎士団の飛脚制度

さて、情報が欲しいのは故郷を遠く離れた学生だけとは限らない。八四三年のヴェルダン条約によりカール大帝の打ち立てたフランク王国は四分五裂したが、その分裂した各地域で国家の骨格のようなものができてくる。現在のフランス、ドイツ、イタリアなどのもとであり、国家機構も整ってくる。するとヴェルダン条約以来、史料から消えていた王侯たちの飛脚がまたぞろ姿を現すことになる。政治も行政も飛脚の存在を必要とするようになってきた。十二世紀のことだ。

これはヨーロッパ各地での大学創建ラッシュと時を同じくする。思えば大学創建も官僚の育成という国家理性から行われたものである。まさにこの国家理性というイデオロギーの出現とともにヨーロッパは「近代の序曲」を奏で始めるのである。

だがしかし、ここで確認しておかなければならないことがある。それはフランスとドイツの著しい相違である。

フランスは十二世紀から十四世紀にかけて中央集権体制への足がかりを築いた。ここでフランス王国のカペー朝の次のような数字をみてもらいたい。

フィリップ二世尊厳王の在位四三年、一代おいて聖王ルイ九世の在位四四年、そしてまた一代おいてフィリップ四世美麗王の在位二九年という数字がある。それに尊厳王の後のルイ八世獅子《しし》王も在位こそ三年と短かったが、三九歳まで生きている。十三世紀ヨーロッパではこれはさほどの短命ではない。それに獅子王は死に際して一四歳の後継者、聖王を残している。一四歳は王家では元服の歳である。決して「幼沖の天子」ではない。またその聖王の跡継ぎであるフィリップ三世豪胆王も在位は一五年を数えている。

これが世にいう「カペー家の奇跡」である。カペー朝は王が代々長命で男子後継者に恵まれた。お家騒動のもとはだいたいがお世継ぎ問題である。十二世紀末から十四世紀初頭にかけてフランス王家は、少なくとも世継ぎに関しては、諸侯のつけ込むチャンスをこの「カペー家の奇跡」で撥《は》ね除けたのだ。それがゆえにフランスは、ヨーロッパの他の王国に比して、早くから王権の強化がなされたといわれている。そして国家理性というイデオロギーがフランスに根を下ろし始めるのである。

これに対してドイツはどうか？

十世紀後半から十三世紀後半にかけてドイツはお家断絶により王朝が三度交代している。ザクセン朝、ザリエル朝、シュタウフェン朝である。そして王朝交代のたびに王権は低下した。

ザリエル朝のときに、中世最強王といわれたハインリッヒ三世はわずか六歳の遺児を残して逝った。この「幼沖の天子」は諸侯にまるでピンポン球のように弄《もてあそ》ばれた。これが後に「カノッサの屈辱」で歴史に名を残すハインリッヒ四世（在位一〇五六―一一〇五）である。

シュタウフェン朝のラスト・エンペラー、フリードリッヒ二世（在位一二一二―五〇）が父王を失ったときはなんと三歳にすぎなかった。当然、諸侯の思う壺である。ドイツは内戦状態になる。これが、後に数百年も続くドイツのグロテスクなまでの分裂状態の発端となった。

そしてドイツはシュタウフェン朝滅亡後、「大空位時代」を経て、ほとんど一代限りで王朝が変わるという「天下は回り持ち」状態となる。

その間、諸侯領は半ば独立国家に等しくなっていく。これを領邦国家という。ドイツは神聖ローマ帝国（ドイツ王国）という大きな傘のなかに最盛期には三百余の領邦国家がひしめく諸侯国連邦国家になった。それゆえドイツで国家理性というとそれはいくつかの大領邦国家が追い求めるイデオロギーであったのだ。

その三百余のなかに特異な領邦国家があった。第三回十字軍をきっかけに一一九八年、ローマ教皇の承認を得て成立したドイツ騎士団である。騎士団といっても聖地ではたいした治績を残さず、やがて北ドイツのクールラント、東西プロイセンなどに所領を獲得し、諸侯に匹敵する領邦主権を確立した。

ドイツ騎士団は新興国家あるいは移住国家であったので、土着勢力との戦闘が絶えなかった。そこで情報ネットワークの構築が焦眉の急となる。最初は例の僧院の使僧を利用したが、まもなく自前の飛脚制度を作った。騎士団総長の居城があるマリエンブルク（ポーランドのマルボルク）にセンターを置き、そこから騎士団管轄地、騎士修道会管区、配下の諸要塞、諸都市へとネットワークがのびていった。

こうして制度化された騎士団の飛脚が最も頻繁に往来したコースは、マリエンブルク―

ローマ間のそれである。このコースはウィーン経由が多く、夏季には二ヵ月で走破された。時間はともかく、このコースを自前の飛脚が往来した意味は大きかった。飛脚は貴族の子弟が受け持った。かれは飛脚の制服を着て、郵便袋を騎馬で中継地点まで運ぶ。そしてそこから別の郵便袋を持って出発地点まで戻る。袋を引き渡すつど、手紙の差出人、宛先人が一つ一つ飛脚の持っているリストに記入された（ノルト、前掲書参照）。

これは駅伝制度とほとんど変わりがない優れたリレー式輸送システムであった。ところで、騎士団がこのような情報ネットワークを構築できたのはひとえにその国家理性によるものであったとはちょっと言い難い。別の要因も大いに与っている。

ドイツ騎士団はバルト海貿易でその繁栄を築いている。騎士団の飛脚はハンザ同盟諸都市を頻繁に回り、ハンザ同盟と西ヨーロッパの中継の役を果たした。騎士団飛脚はいわゆる「北欧商業」の潤滑油となったのだ。

ドイツの都市飛脚、北イタリアの商人飛脚の台頭

つまり、経済が政治に先んじてコミュニケーション・システムを構築したということに

なる。事実、ヨーロッパは十一世紀から十四世紀にかけて経済大膨張を遂げる。これによりあまたの都市が勃興する。その都市を支える経済利潤はどうして生まれるのか？

利潤とは、ふたつの価値体系のあいだにある差異を資本が媒介することによって生み出されるものである。（岩井克人『ヴェニスの商人の資本論』）

だとすれば、ある商品をどこで安く仕入れるか、どこで高く売れるかを商人は知らなければならない。しかもこの情報はたちまちのうちに陳腐化する。なぜなら利潤が存在することがわかれば、多くの人々がそこに殺到し情報が共有化され、差異が差異でなくなってしまうからである。そこでもっと正確な情報を、もっと早く知る必要が出てくる。情報への欲求は無限に増大する。こうして伝書鳩や狼煙《のろし》や音響信号などでは決して得ることのない複雑な情報伝達を行う、商人飛脚・都市飛脚が生まれてくる。おおよそ十三世紀初頭のことだ。

そしてこの都市飛脚こそが、とりわけドイツにおいては経済の側面から政治に先駆けて情報ネットワークを構築したのである。そしてそれは十五世紀になってハプスブルク家の皇帝政府がもくろんだ「お上による情報ネットワーク構築」、すなわち国家郵便創設に対して激しい抵抗を示すことになるのだ。しかしそれは後述するとして、とりあえず都市飛脚はどのようなものだったかを瞥見してみよう。

　飛脚は職務に入る前に都市当局に誓約をして、飛脚業務を忠実に実行することが義務づけられた。しかし多くの年代記によると、いやしくも飛脚たるもの手紙を破るなかれ、中身を他人に漏らすなかれ、封印をごまかすなかれ、金の入った小包を開けるなかれ、金をくすねて飲み食いするなかれ、賭博するなかれ等々と厳しく警告を受けているので、この飛脚制度発足当時の飛脚のマナーはお寒い限りであったことがわかる。そこで都市当局は飛脚頭を任命し、すべての飛脚がその配下に入り、監視と時間どおりの業務遂行の督励を

フランクフルトの都市飛脚

受けるようになった。そして飛脚の権利と義務は飛脚規定に細かに定められた。報酬は配達距離によって決められていた。

飛脚は都市の紋章の色の二色の制服を着て、左胸には都市の紋章のついた飛脚バッジをつけていた。飛脚の持つ鋭利な長槍は武器として使われたほかに、掘割や他の障害物を飛び越えるときの補助としても使われた。配達物は飛脚袋や飛脚箱に入れられ運ばれた。飛脚は通行証を携行し、そこにはこれを携行するものに保護と援助を与えられたい、と書かれていた。これは現在のパスポートの原型でもある（ノルト、前掲書参照）。

この都市飛脚は原則として徒歩飛脚であった。輸送システムもリレー式ではなく一人の飛脚が発信人から受取人まで輸送を担当していた。

さて、ヨーロッパの経済大膨張が都市飛脚を成立させたと先に書いたが、もちろんその経済成長は地域によってばらつきがある。比較的ゆっくりと成長した中部ヨーロッパ、西部ヨーロッパの都市飛脚は都市当局お抱えの公的な飛脚制度であり、当局の公文書輸送のかたわら、主に商用郵便を中心とした私信の輸送を行っていた。

ところが経済先進地域は違う。特に北イタリア。そこでは商人お抱えの飛脚制度が生まれた。しかし商圏の拡大とともにそれではおっつかなくなる。そこでもっぱら私信だけを輸送する飛脚問屋ができる。ヴェネチアでは一三〇五年に飛脚問屋組合が結成され、四〇人の飛脚がいくつかの飛脚問屋に属するようになったという（ヴォルフガング・ベーリンガー『メルキュールの標のもとに』参照）。

一三〇五年といえば、まさにイタリア・ルネッサンスの真っ只中にある。ヴェネチア、ミラノ、フィレンツェ、ジェノヴァの四大都市国家が多くの衛星都市を従え、経済戦争を繰り広げ、その鎬《しのぎ》を削る戦いにローマ教皇庁が介入する北イタリアは、情報をめぐる競争エネルギーに満ち満ちていた。

そしてこのエネルギーのなかから古代ローマの駅伝制度が復活したのである。

第三章　近代郵便制度の誕生

ミラノで復活した古代ローマ駅伝制度

北イタリアの四大都市国家の一つミラノは、一三八〇年代になると人口は一二万五〇〇〇を数えた。これはコンスタンティノープルとパリを除けば当時のヨーロッパ各都市のなかで最大の数である。ここを治める初代ミラノ公爵ジョヴァンニ・ガレアッツォ・ヴィスコンティは、古代ローマの駅伝制度を復活させた。

それは熾烈な外交戦の産物である。それゆえこの駅伝制度は当初はライバル諸都市に対する早期警戒システムとして機能した。しかし整備が進むとともに都市国家ミラノの文化的ヘゲモニーのデモンストレーションとして使われるようになる。そして私信、商用郵便がこの再生したネットワークに群がることになる（ベーリンガー『メルキュールの標のもとに』参照）。

そんななか時刻伝票という画期的なシステムが生まれた。

それは調査票形式の紙片で、これにより騎馬の伝書使（＝配達人）がどこの宿駅に何時に着くかというように配達物の時間管理ができるようになった。おかげで騎馬配達人は身体頑健であるうえに読み書きができ、さらには時計の時刻という当時としては恐ろしく抽象的な概念に自分の身体的生理を適応させる能力が要求されるようになった。つまり彼は宿駅ごとに到着時刻を書き込み、自身の署名をすることで配達する書信や荷物の時間管理を強いられるようになったのである。もちろん遅れたときの罰則も事細かに定められていた。

この時刻伝票を見ると、駅伝制度復活の当初は配達人の交替は行われなかったようである。宿駅では馬の交替だけが行われていた。発信元から受信元まで同一の配達人が全責任を負わされていたことになる。しかしそれでは時間管理が難しく、情報戦に遅れをとることがまま起きてくる。そのためやがて宿駅で馬も配達人も交替することになる。これが一四二五年のことである。すると当然、宿駅の規模が大きくなる。配達の交替要員の常設宿舎も必要になってくる。費用がべらぼうにかさむことになる（ベーリンガー、前掲書参照）。

しかし、時刻伝票システムによりひとたび味わうことができた時間管理とスピードへの関心を、人は容易に払拭することはできない。むしろますますのめり込んでいく。「時間の浪費」などという、知らなくてもよい余計な概念が生まれたのはこの頃のことであるという。

駅伝制度の復活は走行距離の延長となった。たとえば、地中海沿岸に今まで個別に存在していた点が駅伝によって互いに連なり面となっていく。つまり駅伝という空間分配制度により中世の人々は空間の拡大を意識するようになる。この空間の拡大は「商業資本主義の利潤の源泉である地域間の価格の差異を縮めてしまう」（岩井克人『ヴェニスの商人の資本論』）。そこで商業資本主義は新たな差異、新たな利潤の源泉を追い求めることになる。

このときキーワードは時間となる。つまり空間の拡大は速度と連動するのだ。拡大すればするほどスピードが要求される。「なに、疲れたら休むがいい、友もそう遠くには行かないだろう」というある詩人の時間感覚は端《はな》から相手にされなくなる。「どうやってみても時間が足りない」と人々はぼやくようになる。

古代ローマの駅伝制度を復活させたミラノに、おそらくヨーロッパで一番速く歯車仕掛けの塔時計が出現したのも、偶然ではなかったのだ。それは一三三六年であるという。そしてミラノの人々は、その時計が鳴らす鐘の音で「《時間を厳守する》秩序ある生活を要求」された。なにもかもがせわしくなり、「時間は《流れ去り》、呼び返せないものとなる」（ボルスト『中世ヨーロッパ生活誌』２）。

だからこそ、ミラノの駅伝制度が産み落とした時刻伝票の備考欄には「速く、速く、速く、昼も夜も一刻も失うことなく飛ぶように速く」と書かれたのである。

近代郵便の祖タクシス家の台頭は、ヴェネチア商人飛脚から

イタリア・ルネッサンスの源は各都市国家間の熾烈な競争エネルギーにあった。伝達メディアの展開でミラノの独走を許しておくわけにはいかない。フィレンツェ、ヴェネチアもこの駅伝競走に名乗り出た。

とりわけヴェネチア。

ヴェネチアには前章に書いたように十四世紀初めにはすでに都市飛脚制度があった。これは商人飛脚で一三〇五年には四〇人の飛脚がいくつかの飛脚問屋に属していたという。これらの飛脚が地中海沿岸を頻繁に行き来していたのである。

しかしこれでは都市国家間の熾烈な競争には勝てない。そこで飛脚問屋は飛脚を騎馬配達人に代え、宿駅ごとに馬も配達人もリレーするシステムを採用した。これは零細企業ではできない。数軒の問屋が互いに手を結び「伝書使会社」へと組織を大きくしていったのである。つまりヴェネチアの駅伝制度は、商人飛脚を出発点にしたことからもわかるように、あくまでも民間主導のそれだったのである。この辺は古代ローマの公用郵便＝駅伝制とは大きく違う。古代ローマの駅伝制は、もっぱら駅伝ルート周辺住民に対する賦役によって維持されていた。あくまでも公用であり商売ではなかったのだ。

ミラノのそれもやがて利潤を生む制度となる。ルネッサンスといっても単なる再生産ではなく、その時代の空気を加味せざるをえないということである。

ところでヴェネチアの商人飛脚はベルガモ出身者が多かった。ベルガモといえば「ベルガモ」のブランドで有名な家具用綴れ織り発祥の地だが、一四二八年から三五〇年以上、ヴェネチアの支配下に置かれていた。その関係でベルガモ人が飛脚稼業に手を染めたものと思われる。衣替えした「伝書使会社」もまた大半がベルガモ人の経営である。

そのベルガモ人一族にタッシス家という有力な飛脚問屋があった。

タッシス家は、ローマ教皇シクストゥス四世（システィナ礼拝堂の建立者、在位一四七一―八四）の教皇庁伝書業務を引き受けていた。そしてそのノウハウを武器に、アルプス以北への事業拡大に乗り出した。空間の拡大とスピードをひとたび連動させると、後はひたすら自己増殖を続けスケールメリットを追うしかない。それにはまず帝国自由都市がひしめく南ドイツである。さらにはネーデルラントを手に入れて、世界帝国を志向しつつあるハプスブルク家によしみを通じることである。タッシス家は手始めにマクシミリアンの父である皇帝フリードリッヒ三世に取り入り、同家のチロル伯爵領の飛脚営業権を獲得した（ヨハネス・ベルノルト『トテトテー！　トテトテー！　郵便がやってきた』参照）。

こんな背景があったというわけである。

こうして一四八九年、ジャネット・デ・タッシスというイタリア人の名前がヨハン・ダックスとドイツ語風に改められて、マクシミリアンのインスブルック政庁の出納帳簿に載せられた。そして翌九〇年、ジャネットの弟フランチェスコもこれまたフランツ・フォン・タクシスとドイツ語名となり同じ出納帳に登場する。

兄のドイツ語家名ダックスがここではタクシスとなっている。以後、同家はタクシス家と称されることになる。

近代郵便制度元年は一四九〇年?

そしてこの出納帳によれば、インスブルック政庁はこのドイツ語名フランツ・フォン・タクシスというイタリア人に、一年半の間に合計一六〇〇ライングルデンを支払っている。年に約一〇〇〇ライングルデンとなる(ベーリンガー『トゥルン・ウント・タクシス』参照)。

この支出は、一四九〇年にマクシミリアン一世とタクシス家との間で交わされた郵便契約によるものであった。そしてマクシミリアンはこの契約の権威づけとしてタクシス家に帝国の鷲の紋章を授けようとした。ところがマクシミリアン周辺にはタクシス家に郵便網整備を任せるのに難色を示すものが少なからずいた。タクシス家がヴェネチア配下のベルガモ出身であることが、その理由であった。というのも当時、ハプスブルク家はヴェネチアと交戦状態であった。ベルガモ人に郵便を任せればハプスブルクの国家機密がヴェネチアに筒抜けになるのではないか! もっともな懸念である。しかし背に腹はかえられない。郵便のノウハウを持ち、しかも年に一〇〇〇ライングルデン程度の金で郵便事業を請け負

マクシミリアン一世治下のドイツ郵便網（1490〜1520年）

う業者などほかにいなかったのだ。

ともあれ、郵便契約はなった。それによるとタクシス家は三八キロごとに宿駅を設けることになる。ちなみにこれが一五〇五年の契約では三〇キロごとに、一五八七年には二二キロごとに、十七世紀初頭には一五キロごとになるのだから、まさしく「速く、速く、速く、昼も夜も一刻も失うことなく飛ぶように速く」というわけだ。

配達人は宿駅が近づくと到着をホルンで知らせる。すると次の配達人は馬上で郵便袋を受け取る準備を始める。受け取ったら間髪いれずに出発である。夏は時速六〜七キロ。冬は五〜六キロで走る。

おかげでハプスブルクの新領地ネーデルラントのリエージュ（現ベルギー東部）からローマまで四〇日で情報が往来した。南ドイツの大商都アウクスブルクとヴェネチア間が一一日、ニュルンベルクとヴェネチア間が一四日で往復できた。

これに対して馬と配達人のリレーがない飛脚による配達は、たとえばウィーンとニュルンベルク間の往復が七週間かかったという、一四九九年の記録がある。差は歴然としている。まさにハプスブルク家の領地拡大とスピードがマッチした郵便制度が成立したのである。そこで、この一四九〇年を近代郵便制度元年とする一つの定説が出来上がった。

だからこそ、一九九〇年、かつてのハプスブルク帝国のお膝元であったオーストリアを中心に「近代郵便誕生五〇〇年」を祝う展覧会があちこちで開催されたのである。

ところがこの一四九〇年近代郵便元年説に対して面白い異説がある。否、あったというべきであろう。

それは、マクシミリアンの当時のライバルであるフランス王ルイ十一世が、マクシミリアンより一足先の一四六四年六月一九日に「郵便令」を勅しているというのである。だがこの「郵便令」は後に偽書であることが判明した。ただし誰が偽造したかはわかっていない。ともあれフランスは十八世紀になって近代郵便制度の元祖は我が国であると主張し、その証拠にこの偽勅書を持ち出したのである。

しかし実際には十五世紀末、フランスでは公文書や私信も王政府やパリ大学の飛脚によって輸送されていた。フランスで郵便制度が整備されてくるのは十六世紀後半あたりからで、それまでは特に私信の輸送はパリ大学飛脚頼みが実情であったのだ。そこでこの偽勅書出現はフランス文化中華思想の産物だと断じる史家もいるくらいである。

宿駅が近づくとホルンを鳴らすタクシス郵便の騎馬配達人

しかし事はそう簡単ではない。

ルイ十一世に仕えた政治家であり歴史家であったフィリップ・ド・コミーヌの、当時の重要な史料となっている年代記風の

『メモワール』によれば、ルイ十一世が一四七六年にそれまでなかった新しいシステムとしての郵便について言及したとある。

さらに一四七〇年代には、先述したようにローマ教皇シクストゥス四世がリレーシステムの伝書使を常駐させた。また一四八〇年代に、イギリス王エドワード四世がロンドンとスコットランド国境のベリックを結ぶ一時的な「軍事郵便」を構想したメモが残っている。

要するに、一四九〇年近代郵便元年説もだいぶ怪しいのである。第一、マクシミリアンとタクシス家の郵便事業契約も、果たしてそれが近代的かといわれると少し首をかしげたくなるところがある。

しかしその一五年後の一五〇五年、マクシミリアンの息子フィリップ美王（フェリペ一世）がタクシス家のフランツ・フォン・タクシスと結んだ郵便契約は、まぎれもなく近代郵便制度の雛形となった。さらに一五一六年、フィリップ美王の息子である皇帝カール五世がフランツ・フォン・タクシスと結んだ郵便契約は、「近代郵便の大憲章（マグナ・カルタ）」と呼ばれる画期的なものとなった。

それではその近代郵便制度とはなにか？

「信書の秘密」が大原則として確立するのはまだ先の話

近代郵便とはどういうものか、今本書が参考にしている諸家の間ではほとんど異同がない。それをごく簡単にまとめると次のようになる。

一、書信（とりあえず郵便業務を書信のそれに限定する）の運搬が分業によって行われること

十四世紀まで、各都市や修道院、大学等々が抱えていた飛脚制度＝配達人制度（正確にいえばその後も各都市や修道院、大学などはシステムを変えながら独自の飛脚制度を維持しようとした）は発信元から受信元まで一人の飛脚＝配達人が書信を運搬していた。これを近代郵便は多数の人間によるリレー運搬に変えている。そしてこれにより運搬の確実さとスピードが保証されるようになった。

一、職業・身分に関係なく誰もがこの郵便制度を利用できること

古代ペルシャ、プトレマイオス王朝をはじめとするヘレニズム諸王朝、カリフ諸王朝そ

して古代ローマ帝国などの古代帝国も駅伝制度による情報ネットワークを有していたが、この通信手段で運搬される書信はすべて公用文書に限られていた。民間人がこれを利用することは厳しく禁じられていた。むろん抜け道はあったが、政府高官が私信を託すことも原則的には禁じられており、駅伝制度は命令書、指令書の伝達を旨とする国家郵便であり、部分メディアにすぎなかった。これに対して近代郵便は私信の運搬が大多数を占めることになり、誰にも利用可能なユニバーサル・メディアとなる。

一、書信の運搬が定期的に行われること

古代ローマ帝国などの駅伝制度は命令書、指令書等々が発せられるときだけ稼動する。一方、近代郵便の書信の運搬はその量の多寡に関係なく定期的に行われる。たとえ週一回の定期便といえども、この定期性は人々の生活に大きな影響を与えた。たとえばインスブルックの郵便出発日と到着日が水曜日だとすると、富裕な識字階級と商人階級の一週間の生活リズムはこの水曜日に合わせて回ることになる。近代郵便という新しい情報ネットワークにより当時の人々は自分の身体的生理に関係のない抽象的な時間（曜日、時刻）を意識するようになり、かつ縛られていく。

一、郵便コースの固定化と増設

マクシミリアンがタクシス家にその運営を任せた郵便事業は、原則的に公用郵便に限定されていた。しかしマクシミリアンは一箇所にとどまるわけではない。彼が動くと宮廷も動く。移動宮廷である。それが絶対王権登場前の巡回王権の姿だ。すると郵便コースもそれに合わせて変更となる。これではネットワークの機能が保てない。これに対して郵便コースを定着させ、宿駅の固定化をはかる。これにより郵便物の集配地も固定化し時間管理が容易になる。宿駅長には当初はだいたいが宿屋の亭主がなっていた。かれは郵便業務の報酬を中央郵便局長から受け取る。それに自己資本を投資して騎馬旅行者へ馬の貸し出しなどのサービスを行い、その収入を自分のものとする。つまりかれは少ない資本投下で郵便網という大組織からノウハウとブランドをもらい利益を上げる。宿駅長は、要するに日本の郵政民営化前の特定郵便局長であり、これは一種のフランチャイズ・システムである。こうして郵便コースの急激な増設が可能になっていった。

一、郵便利用料金が定額となりかつ公表される

古代ローマ帝国等々の駅伝制度はすべて公用郵便なので料金はすべて無料である。

そして駅伝制度の財政的維持は駅伝ルート周辺住民に課せられる賦役によって支えられていた。また各都市や修道院、大学などが抱えていた飛脚制度の利用料金は一定ではなく、曖昧《あいまい》なところが多く、心づけ、酒手も上乗せされていた。近代郵便は料金が一定でかつ公表されていたので利用者側の心理的抵抗が少なかった（もっとも、郵便切手という料金前納制度の登場はまだまだ先の話である）。

一、差出人の書信がオリジナルなまま受取人のところに届くこと

これが一番問題である。「信書の秘密」という大原則が確立される前は、書信は絶えず開封・検閲の危険にさらされていた。人々が郵便への信頼感を当たり前のように持ちうる時代はなかなかやってこなかった。

ざっとこんなところだろう。

もちろんこれから話題にする、一五〇五年にマクシミリアン一世の嫡男フィリップ美王とフランツ・フォン・タクシスとの間で結ばれた郵便契約がこの近代郵便制度の条件をすべて兼ね備えたものとは到底いえないけれども、これは画期的であった。近代郵便制度の

もととなったとはいえる代物であった。

それではこの郵便契約とはいったいどういうものであったのか？

それにはまずは例によって、ハプスブルク家のヨーロッパ世界戦略と、それと丁々発止と渡り合うフランス王家などの動き、要するに当時の複雑なヨーロッパ政治情勢を語らなければならない。

フィリップ美王―ブリュッセル―フランツ・フォン・タクシス

最初の后マリーのおかげでネーデルラントを手にしたマクシミリアン一世にとって、第一の仮想敵国はもちろんフランス王国であった。

そのフランスの南西にはイベリア半島が広がっている。

一四九二年、この半島の南のグラナダに最後の拠点を置いていたイスラム勢力がついに陥落した。カスティィリヤ女王イサベルとアラゴン王フェルナンドが手を携えて推進してきたキリスト教徒の国土回復運動は、ここに終結をみる。それは同時にときのローマ教皇インノケンティウス八世により「カトリック両王」と激賞された、イサベルとフェルナンド

フィリップ美王の肖像（ウィーン美術史美術館蔵）

の結婚によるスペイン王国の誕生でもあった。

しかし新生スペインの北東、ピレネー山脈の向こう側にはフランス王国がある。スペインにとってもフランスは、第一の仮想敵国であった。

ハプスブルク家とスペインは手を結ぶ。マクシミリアンの嫡男フィリップ美王と娘マルガレーテが、スペイン王女ファナと皇太子ドン・ファンとそれぞれ婚姻を結ぶ。いわゆる二重結婚で相互相続契約が交わされた。相互相続契約とは、出来上がったばかりの二組の新婚カップルの家系のどちらかが途絶えたら、生き残ったほうがその遺領をそっくりいただくというものである。

スペイン王女ファナはフィリップに、つまりハプスブルク家に二男四女をプレゼントしてくれた。一方、フィリップの妹マルガレーテは男子を一人死産するだけである。それだけではなく、マルガレーテはつれ合いのスペイン皇太子に早死にされ寡婦となる。ハプスブルク家はスペインを手に入れた。フィリップ美王はスペイン王（正確にはカスティリヤ王）となる。

そのフィリップ美王がまだスペイン王女ファナと結婚する前のことである。美王の政庁はネーデルラントのブリュッセルにあった。そこにフランツ・フォン・タクシスがインスブルックから移ってくる。

マクシミリアンのインスブルック政庁はフランツの郵便事業にうるさく干渉してくる。書信は公用文書に限定する。私信の運送は許さない。むろん郵便網を利用した人の輸送、つまりは旅行業などは論外である。公用郵便につき料金は無料である。そのためにインスブルック政庁はタクシス家に国庫助成金を支払っているのである。ところがその肝心な助成金がハプスブルク家の常で滞りがちである。代わりに爵位をくれてやると言われても、封土のない叙爵では食ってはいけない。このままでいけばフランツの郵便事業は先細りになるだけである。

フランツはブリュッセルに活路を見出そうとした。ここは商用郵便の需要が掃いて捨てるほどある。殿様フィリップ美王も経済のわかる領主だ。フランツはたちまちのうちにフィリップの懐にもぐり込んだ。一五〇一年、かれは美王によりブリュッセル郵便局長に任命された。

そのフィリップは前述したようにスペイン王女と結婚し、あれよあれよという間にスペインへの足がかりを強固なものにしている。一五〇四年、后の母、カスティリヤ女王イサベルが死ぬと美王は早速、カスティリヤ王位を要求する。これに対して美王の岳父にあたるアラゴン王フェルナンドが横槍を入れてくる。さあどうするか?

美王はもともと父マクシミリアンとは違う外交センスの持ち主であった。父のようにフランスを第一の仮想敵国とはしなかった。かれは舅《しゅうと》の横槍に対抗するためにフランス王家に接近した。これは図にあたった。フランスの干渉により美王はカスティリヤ王となり、やがてはアラゴン王国も含めてスペイン全土を治める勢いをみせる。

美王は、領地ネーデルラントの旺盛な経済力と、義母イサベルが切り開いたスペイン植民地である中南米の豊富な金銀を連携させることを考えつく。それには郵便網の一層の拡充がどうしても必要である。

ハプスブルク家国家行政と郵便事業の中間項としてのタクシス家

一五〇五年一月一八日、フィリップ美王はブリュッセルでフランツ・フォン・タクシスと郵便契約を結んだ。

美王はフランツに新しい郵便網の設置を命じた。そのためにかれに半ば自立的な特権的地位を与えた。フランツは一五〇一年の郵便局長就任のときも郵便網建設を任されたが、その費用はネーデルラント政府が直接支払うもので、その意味でフランツはネーデルラントの一役人にすぎなかった。だが、このたびの契約によればかれは総額、年一万二〇〇〇ルーブルをリール（現フランス北部、当時はスペイン王国領）にある会計検査院から受け取ることになる。その代わりかれは郵便網建設と郵便事業に責任を持つ。もちろん私信（圧倒的に商用郵便）の輸送も認められ、その料金も設定され、人の輸送（旅行業）も許可された。通常の郵便速度と速達のスピードも規定された。そしてその収入はフランツのものとなった。

美王の命じた郵便網は次のとおりであった。

郵便網の起点は美王の宮廷のあるブリュッセルとする。そこから一つは美王の父マクシミリアンの宮廷インスブルックへ、一つはフランス王の宮廷パリへ、そして今一つはスペイン宮廷へと郵便網が延びる。これはその後、瞬く間にヨーロッパに縦横無尽に張られていく濃密な郵便網に比べればほんの出発点にすぎない。

それよりも、この郵便契約が持つ意味は次にある。

まず郵便網という新しい情報ネットワークの利用が、民間にも門戸が開かれたということである。もっともこれは、私信運搬の禁止がこの契約に明確に盛り込まれていないという形の消極的認可であったが、この意味はとてつもなく大きい。特に商人にとってはこれにより為替による決済が可能となり、経済活動が活発となっていく契機となった。

次に郵便網が数ヵ国にまたがることで、ネットワークとしての国際性を獲得したことである。

年間一万二〇〇〇ルーブルという国庫助成金に明確に示されるように、郵便事業は純粋な国家事業であることが再確認された。

しかしこの国家行政と郵便事業の間に中間項が挿入された。つまり国家は郵便事業施設の費用を負担するが、事業の運営はタクシス家が自主的に行う。しかもその運営権がやがてタクシス家の世襲の権利となる。要するに我が国でいう特定郵便局長がそのまま郵便公社総裁となるようなものである。

こうして郵便事業は純粋な国家経営から、その国家から全権を委任された世襲一族の経営による半官半民の事業へと変質したことになる。

当時の国家とはつまり王家のことである。現在の公共性とは意味が少し違う。領民の賦役によって維持されていたかつての古代帝国の駅伝制度は、王家の私的公用文書(命令書、指令書、反乱鎮圧のための秘密文書等々)の運搬にすぎなかった。それが半官半民の事業体になることによって私文書(主に商用文書)の運送の道が開かれ、逆に国民経済に深く関わる郵便となっていく。

そしてそれでいて国庫助成金が施設費用のために支払われるのだから、いうなれば公共経済的施設が多くの場所に建てられることになる。つまり王家の思惑から外れて、時代の流れが知らぬうちに、国家を王家の私的所有物から公共なるものへと押しやっていくのである。

「近代郵便大憲章（マグナ・カルタ）」の誕生

さて、フィリップ美王はこの郵便契約締結の翌一五〇六年、わずか二八歳で早世した。どうやら毒殺されたらしい。そして息子に先立たれた皇帝マクシミリアンも一五一九年に六〇年という波乱の生涯を終えた。これにより美王の長男、マクシミリアンの孫カール五世が神聖ローマ皇帝となる。カールはすでにスペイン王カルロス一世であった。すなわちハプスブルク家のたまゆらの世界帝国が樹立されたのである。

一五一六年、フランツ・フォン・タクシスとその甥ヨハン・バプチスタは、そのカール五世と新たな郵便契約を結んでいた。

タクシス家の郵便事業独占権の明記。ネーデルラントのフランドル宮廷からスペイン宮廷までの恒常的郵便コースの設置。フランス宮廷に至る恒常的郵便コースの設置。ブリュッセル―インスブルック―ローマ―ナポリ間の恒常的郵便コースの設置。フランス、イタリア、教皇領等々の他領を通過するタクシス郵便への便宜提供。タクシス家への郵便局員に対する裁判権の付与。タクシス郵便は郵便局員に対する裁判権を持つことで、全権を持った自立的な国家業務に発展することになる。そしてなんといっても郵便インフラの、民間への門戸開放の明記！

これが「近代郵便の大憲章（マグナ・カルタ）」といわれる郵便契約の主な内容である。一四九〇年、マクシミリアン一世がタクシス家と郵便契約を締結してから二十有余年。この間、郵便という情報インフラの整備はあくまでも世界帝国を志向したハプスブルク家の政治的思惑によって推進されてきた。しかしこの「近代郵便の大憲章」は、ハプスブルク家の政治的思惑をはるかに超えて郵便を郵便として一人歩きさせることになる。

こうして近代郵便はカール五世の治世、第一次黄金時代を迎える。

折しもヨーロッパは十四世紀の中世最大の不況を脱し、再び勃興期を迎えていた。その頃のヨーロッパは、生産手段と社会機構において、他の高度文化圏であるインド、中国、アラビア、ペルー、メキシコに比べてさほど差がなかったといわれていた。しかし十五世紀前半から十六世紀前半にかけて、ヨーロッパは経済的にも社会的にも他を圧倒することになる。これがフェルナン・ブローデルのいう「長い十六世紀」である。

ところでこの「長い十六世紀」とは実際の暦法上の概念とは必ずしも一致していない。

また一致する必要もないとブローデルはいう。かれによれば「長い十六世紀」とはだいたい一四五〇年頃から始まり一五五〇年頃に終わる「十六世紀の第一期」と、続いて一六四〇年頃まで延びる「十六世紀の第二期」を合わせた文字どおりに「長い十六世紀」のことである。

そのうち「十六世紀の第一期」とはハプスブルク家がヨーロッパ世界を「帝国」化しようとした試みとその挫折《ざせつ》の期間であった。そしてこのハプスブルク家という一王朝の政治的思惑などよりも数等倍の公共性を持つ世界経済システムが樹立したときでもある（ウォーラーステイン『近代世界システム』参照）。

近代郵便という情報インフラはまさしくこの第一期グローバリゼーションの波に乗って花開いた。

第四章　郵便危機

皇帝カール五世、タクシス家当主バプチスタを帝国郵便総裁に任命

危機は常に頂点の直後にやってくる。そして危機の元凶は財政破綻《はたん》である。

しかし国家事業としての郵便という観点からいえば、ハプスブルク家がタクシス家に請け負わせた郵便事業は当初から財政危機に陥っていた。その原因は、なんといってもハプスブルク家の支払いの悪さにある。

中世末期から近世初期にかけてのヨーロッパ各国の国家事業とは、なにも中央政府が丸ごと抱えて行うようなものではなかった。徴税請負と売官という二つの慣習にみられるように、国家事業とはだいたいが民間への丸投げで行われていた。

その甚だしきは軍事である。すなわち傭兵制度である。戦争企業家と呼ばれた傭兵隊長に政府は募兵特許状を授け、軍の編制権もなにもかも丸投げして、戦争という最大の国家事業を遂行させたのだ。

その意味で、当時のヨーロッパ各国政府は言葉の全き意味でもって「小さい政府」であった。そしてそれが国家権力の強化につながった。「売官制度はなるほど著しく不都合な

面もあるが、政治的には国家権力の強化に資するものである。それはいわば等しく痛烈な批判に晒された制度である傭兵制の……民政版であるが、同時にそれは王権を強化し、君主がもはや封建貴族の軍事力のみに依存せずに済む状態をつくりだしたのである」（ウォーラースティン『近代世界システム』Ⅰ）というわけだ。

カール五世に使用許可されたタクシス家の紋章

ところで戦争請負業である傭兵隊長への支払いを渋るのは、ハプスブルク家のお家芸といってもよいほどであった。ともかく金を出さない。挙句には無い袖は振れぬといって居直る。その辺の呼吸は見事である。特にマクシミリアン一世とカール五世の金払いの悪さは天下一品であった。そのあまりにもあっけらかんとした出し渋りに逆に魅入られたように、人のよいことで知られた稀有《けう》な傭兵隊長ゲオルク・フォン・フルンツベルクなどは泣く泣く自腹を切って、兵の給料を工面する始末であった。

国家最大の請負事業の戦争でさえそうなのだから、郵便はなおさらである。

タクシス家は、こののっけからの危機にどう対応したのだろうか。

先に書いたように、フランツ・フォン・タクシスは本拠地をブリュッセルに移した。これが功を奏すことになる。

まず第一に、ブリュッセルのフィリップ美王の懐に入り込んだことにより、郵便事業の助成金は支払いの悪いマクシミリアンの神聖ローマ帝国ではなくスペイン王国の国庫金から支払われることになる。つまりスペイン王国が神聖ローマ帝国（ドイツ王国）の国家事業である郵便の金主となったのである。これはフィリップ美王の嫡男カール五世のときまではうまく機能した。神聖ローマ皇帝カール五世は同時にスペイン王カルロス一世であったからである。スペイン政府がドイツ政府の国家事業に金を出すという奇妙なねじれ現象が大問題となってくるのは、カール五世後のハプスブルク家のオーストリア・ハプスブルクとスペイン・ハプスブルクへの系統分裂によるもので、本章で扱う郵便危機も実はこのねじれ現象に由来している。いずれにせよスペイン政府からの金はマクシミリアンの神聖ローマ帝国よりはスムーズに流れてきた。

次に、ブリュッセルに本拠地を置くということはネーデルラントに広がる経済圏に溶け込むことになる。これにアウクスブルクの豪商フッガー家とヴェルザー家が目をつけた。ヴェネチアとの地中海貿易で財をなしたフッガー家とヴェルザー家は、ネーデルラントが抱えるバルト海貿易と大西洋貿易にさらなる飛躍を期した。とりわけアントワープ商人との商取引を両家は強く望んだ。そのため、両家は支払いの悪いマクシミリアンに代わってタクシス家に郵便事業維持費の支払いをしたのである。そして一五〇〇年にはヴェルザー家が私信の輸送を依頼した。これは郵便輸送は公用郵便に限るというマクシミリアン政府の建前にそむくものであったが、貸

貿易拡大のためにタクシス郵便に輸送依頼した豪商フッガー家のヤコブ・フッガー（左）

主には逆らえず、マクシミリアン政府は見てみぬふりをする。これがタクシス家とフィリップ美王との一五〇五年の郵便契約に生きてきたのである。こうしてタクシス家は手紙輸送、小包輸送、現金輸送、為替・小切手輸送、旅行業に乗り出すことができた。

そして先に書いたように、一五一六年にカール五世とフランツ・フォン・タクシスおよびその甥であるヨハン・バプチスタの間で郵便契約が結ばれたのである。

この「近代郵便の大憲章（マグナ・カルタ）」の後、一五三〇年、皇帝カール五世は、嫡子なく逝った伯父フランツの後を襲いタクシス家当主となったバプチスタを帝国郵便総裁に任命した。こうしてブリュッセルに本拠を置くタクシス郵便が帝国郵便となるのである。ただし、このときはまだ正式には帝国郵便とはなっていない。後述するが、皇帝が正式に帝国郵便の創設を宣言したのは一五九七年のことである。しかし本章では便宜的に、タクシス家が請け負った郵便事業を帝国郵便と称することにする。

ハプスブルク世界帝国が可能にした情報インフラ整備

郵便インフラの民間への門戸開放により、人々は郵便への関心を高めていく。最初はフッガー家やヴェルザー家のような豪商だけが郵便を利用していたが、次第に利用者の枠が広がっていった。

面白いのはゲーテの戯曲『鉄手のゲッツ』のモデルであるゲッツ・フォン・ベルリヒンゲンの手記である。かれは貨幣経済の波に翻弄《ほんろう》されて強盗騎士に転落した小貴族の一典型であった。そのかれの手記によれば、一五一三年、ニュルンベルク商人がアウクスブルクで皇帝マクシミリアン一世にゲッツの盗賊行為を訴えている、という情報を郵便で知ったとある。この例などは郵便が人々の生活に根を下ろし始めたことを示すもの、といえるだろう。

一方、人文主義者エラスムスが郵便というインフラを利用した形跡は見られない。かれは自前の飛脚を抱えていた。かれの書簡は別に一刻を争うものではなく、その思想同様にじっくりと浸透していくべきものであったのだろう（ベーリンガー『トゥルン・ウント・タクシス』参照）。

それはともかく、こうした人々の需要にこたえるべく、皇帝カール五世の治世、ヨーロッパ横断の郵便連結が途切れもなく出来上がっていく。ハプスブルク世界帝国がこの情報インフラ整備を可能にしたのだ。

やがて人々は、郵便という情報インフラに定期性を強く求めるようになる。情報が情報として機能するためには、この定期性が欠かせなくなる。

一五二二年のニュルンベルク帝国議会の最終議定書に、郵便制度整備が盛り込まれた。それによると諸侯、司教、修道院長は、郵便料金が無料となり、これにより多くの領邦国家が宿駅を置くことに同意し、定期郵便インフラが整ってきた。

そして一五三一年、ネーデルラントのアントワープに証券取引所が開設されてからというもの、定期便への需要は飛躍的に高まった。そこで一五三四年、アウクスブルク―アントワープ間に週に一度の定期郵便が設置された。一五三八年にはアウクスブルクを経由してヴェネチア、ローマに通ずる定期郵便コースも出来上がる。

つまりイタリアとネーデルラントが郵便によって連結したのである。これに連動して十四世紀まで大いににぎわっていたフランスのシャンパーニュ地方の大市が、急速に衰退に向かった。その原因をフェルナン・ブローデルは次のように説明する。

ヨーロッパ経済の《両極》をなすイタリアとネーデルラントとのあいだで商品がひとり歩きするようになり、その移動は遠隔地からの通信文によって処理されるようになった。それ以後、中間地点で顔を合わせて話をつける必要はなくなってしまった。シャンパーニュ地方という中継地は、以前ほど役に立たなくなったのである。

（村上光彦訳『物質文明・経済・資本主義』第2冊）

まさしく情報インフラが一地方の盛衰の命運を握るということである。

ルターを筆頭にプロテスタントはタクシス郵便を嫌った

定期郵便の設立ラッシュの要因は、こうした経済的需要だけではなかった。

カール五世の治世は同時に宗教改革の時代でもあった。カトリックの保護者である皇帝カールはカトリックの再建に乗り出した。カールは公会議の開催を要求する。これが、現在まで二一回開催されたとされる公会議のうち最も有名な一つであるトレント公会議（一五四五―六三）である。ちなみにトレントはイタリア北部に位置する。

トレント公会議は反宗教改革運動の出発点となった聖職者会議であり、聖書に関しては原典よりもラテン語訳の「ウルガタ」を正典とすると決められたのもこの会議であった。それだけに開催前の準備段階から綿密な打ち合わせが必要とされた。こうしてカール五世と教皇との間に頻繁に書簡が往復する。もちろん公会議の成り行きにヨーロッパは必死になって聞き耳を立てる。各国の使節と政府との間でひっきりなしに情報が行き交う。郵便はフル回転した。

ほかにもカールは情報を必要としていた。ドイツ国内のプロテスタント諸侯の軍事同盟であるシュマルカルデン同盟とその首魁《しゅかい》フィリップ・フォン・ヘッセン方伯（十二世紀に領邦国家に統合されていない地を領する爵位として成立、しかし次第に他の公爵領などと並んで領邦国家となっていく）の動向、それに最近不穏な動きをみせるヴュルテンベルクの邪悪な君主ウルリッヒ侯の動きと、これを支持するフランス王フランソワ一世とオスマン・トルコのスルタンに関する情報を、一刻も早く必要とした。さらにはイギリス王ヘンリー八世による英国教会のローマ教会からの独立についての情報、教皇クレメンス七世の死により行われるコンクラーベの情勢分析、目前にしたカール自身のアフリカはチュニス遠征についての情勢。カールはハプスブルク世界帝国の維持のために、ありとあらゆる情報を定期郵便網により収集した。

ハプスブルク家を取り巻くこうした政治状況が、定期郵便網の整備に向かわせたのである。「一刻も早く情報を！」であった。そのためにこそカールは一五一六年の郵便契約の際に、速達便は公用郵便に限定することを条項の一つに書き加えたのである。まさしく「速く、速く、速く、昼も夜も一刻も失うことなく飛ぶように速く」であった。

ところで情報を誰よりも早く手にするには、「二点間の最短距離は直線」という原理を採用するのが手っ取り早い。しかしこれは恐ろしく乱暴な原理である。効率化を極限まで求めればこうなるのかもしれない。だからこそこの言葉は、後に電撃作戦を次々と敢行したヨーロッパを席巻したプロイセン軍隊のモットーとなったのである。

しかし郵便コースはそういうわけにはいかない。特にハプスブルク家のお膝元である神聖ローマ帝国内（ドイツ王国内）で、この郵便網は文字どおりの紆余《うよ》曲折を余儀なくされた。すなわち帝国都市の抵抗である。

たとえばすでに一四九〇年、マクシミリアン一世は帝国都市シュパイアーに郵便局を置くことに失敗している。市当局が頑強に拒否したのである。

イタリアでは十六世紀になるとすべての主要都市が郵便網に参加している。スペイン、フランス、ネーデルラントでも諸都市は郵便網により互いに連携を密にした。

しかしドイツではシュパイアーの抵抗が他の帝国都市の先例となった。唯一、アウクスブルクだけが郵便制度に門戸を開いていたにすぎない。それゆえ、ドイツの郵便網は今日では地図で探すのも苦労するくらいの村々を通るしかなかったのである。

帝国都市がタクシス郵便を忌避するのには理由があった。帝国都市は、ドイツでは他の領邦国家と同じくある程度の主権を持っていた。すなわち都市国家に近い。そして自前の都市飛脚、商人飛脚を抱えていた。そんな帝国都市にとって皇帝政府肝いりの郵便は、大きな脅威であった。

また、帝国都市は郵便の通過によって都市の法的特権を侵されることを嫌った。一五一六年の「近代郵便の大憲章」によれば、都市の郵便局員は都市政庁ではなく、ブリュッセルに本拠を置くタクシス家の帝国郵便総裁の裁判権に服することになっている。これでは郵便局は都市にとって治外法権となる。それゆえ郵便局員は都市の税金も公共施設の使用料も払わず、市民のさまざまな義務も免除されていた。これは帝国都市の自立性を損なうものであると、都市は考えた。

さらに帝国都市はだいたいがプロテスタントに傾いていた。ところが皇帝政府から郵便事業を請け負うタクシス家はもちろんカトリックである。とはすなわち、タクシス家が任命する郵便局員もカトリックとなる。それゆえルターをはじめとするプロテスタントはタクシスの郵便を利用することを嫌い、飛脚により情報の交換を行っていた。

しかしそうはいってもリレー式輸送の郵便は便利の一語に尽きる。定期郵便の魅力には勝てない。都市門閥は抵抗するが商人たちは定期郵便を利用するようになる。

近代郵便の指標の一つである料金の定額化と公表が始まると、雪崩《なだれ》をうったように人々は郵便インフラに群がるようになる。おまけにシュマルカルデン戦争（一五四六―四七）の大勝利により確立されたカール五世の圧倒的軍事力の前に、帝国都市は表立って郵便制度に抵抗することはできなくなってきた。カールは帝国都市が抱える都市飛脚にリレー式輸送を禁止する。宿駅で配達人および馬が交換できる輸送システムは、タクシス家が帝国政府から請け負った郵便事業だけに許されたのである。

郵便コースの宿駅充実が旅行概念を変えた

それではこの郵便という新しいメディアに十六世紀の人々はどのように関わったのか？ベーリンガーの『メルキュールの標のもとに』を参考にみていこう。

定期郵便は時間のリズムを生み出した。週一回の定期郵便が識字階級の富裕層の生活を変えた。「郵便集配日」が恋人たち、外交官たち、商人たちの生活リズムを律するようになる。「郵便集配日」は宿駅ごとに違うが、その日がかれらにとってはキリスト教徒の「日曜日」と並んで重要な日となったのである。特に商人にとって定期郵便は、商談と決済の方法を根本から変えた。決済は為替が主流となっていく。そしてかれらは証券取引所の作り出す時間感覚に縛られていった。

諸侯の出す公用郵便は無料だが、諸侯は自分たちの私信を金を払って郵便でやりとりするようになる。諸侯たちに往復書簡が習慣となっていく。これは十八世紀にやってくる異常な手紙崇拝熱、「手紙の世紀」の予兆でもあった。

郵便はまた旅行概念を変えた。郵便コースの宿駅を利用した旅行が流行する。「二点間の最短距離は直線」の原理よりも、多少迂回《うかい》しても郵便利用の旅のほうが結局は時間の節約となり、危険もなく費用も安かった。なによりも旅の所要日数が正確に計算でき、時間と空間がはっきりとした輪郭を持つようになったことが大きい。十六世紀初頭、ニュルンベルクで初めて使用可能な道路地図と懐中時計（「ニュルンベルクの卵」といわれた）が発明されたのも単なる偶然ではなかったのである。

この郵便利用の旅は騎馬のそれであり、郵便馬車の登場は十七世紀を待たなければならないが、諸侯、聖職者、外交官、商人たちが、見聞を広める芸術家、学者たちがこぞって宿駅インフラを利用するようになった。

そのため一五五〇年頃から、旅のガイド本が印刷物として大量に出回るようになり、旅が一大ブームとなった。ちなみに、一五六三年に発行された『郵便の旅行ガイド』の著者はジェノヴァの郵便局長である。これは教皇による印刷許可権の関係で、著者を明らかにする必要があったのでそれと知れるのだが、それはともかく、このガイドは出発地から目的地までの距離を宿駅の数で表現している。たとえばブリュッセル―ローマ間が九六宿駅といった具合である。要するに「東海道五十三次」という言い方と同じ発想である。

そして「郵便」という語が時間と距離を示すバロメーターとなった。一郵便＝二ドイツマイル（約一五キロ）＝二時間といった具合である。

政治、経済をはじめとして、社会全体が郵便という近代初期に現れた新しい血液循環に依存するようになったのである。

この伝達メディアを統括するために、皇帝カール五世はタクシス家の総帥バプチスタを帝国郵便総裁に、そしてその次弟マフェオをスペイン王国郵便総裁に、末弟シモンをミラノ公国郵便総裁（一五二五年、ハプスブルク家はミラノを支配下に置いた）にそれぞれ任命した。これが世にいうタクシス家三兄弟である。かれらはドイツ（ネーデルラントを含む）、スペイン、イタリアを枢軸としてヨーロッパ各地に濃密な郵便網を敷いていく。

一五五一年にはトリーア選帝侯領内の道に、郵便馬車のラッパ、暦年数が書かれた石の十字架像が置かれ、道路標識とされた。そして翌五二年には郵便局に初めて皇帝の紋章である帝国鷲紋章が打ちつけられるようになった。

これにより郵便は神聖ローマ帝国（ドイツ王国）の郵便であることが改めて確認されたのである。そしてその維持費はスペイン領ネーデルラントが負担した。このことはハプスブルク家が世界帝国であったときには大きなほころびを見せずに機能した。

しかしその世界帝国はあっけなく瓦解する。同時にドイツ、スペイン、ネーデルラント、イタリアに張り巡らされた郵便網もずたずたにされる。

カール五世の退位。第一期ヨーロッパ世界経済システムの危機

四〇年近くに及ぶ戦いと祝祭の旅の治世に倦《う》んだカール五世は、一五五六年、退位を表明し、スペインはユステのひっそりとした聖ヘロニモ修道院に隠棲《いんせい》した。これによりカールのハプスブルク世界帝国は崩壊し、同家はスペイン・ハプスブルクとオーストリア・ハプスブルクに系統分裂する。

さて、この帝国分割はスペイン家、オーストリア家のどちらが得をしたのだろうか？

それは間違いなくスペイン家である。

オーストリア・ハプスブルクの祖となったフェルディナント一世は確かに兄カールから神聖ローマ皇帝位を受け継いだ。しかし、かつての栄光の古代ローマ帝国の後継国家を任じる神聖ローマ帝国といったところで、実質上はドイツ王国にすぎない。しかもそのドイ

ツ王国からしてカールの退位により諸侯国連邦国家に逆戻りし、中央集権国家体制の確立など夢のまた夢となっている。そしてオーストリアはオスマン・トルコの脅威に直にさらされている。おまけに、やがてハプスブルク世襲領と称されることになるオーストリアとその周辺の直轄地も、領内に多くのプロテスタントを抱え、カトリックの守護者たる皇帝フェルディナントには寧日が訪れることはない。

これに対してスペイン・ハプスブルク。なるほどスペインはカスティリヤ、アラゴン両王国その他の寄せ集め国家の弊で、それぞれの地方の歴史的特権を容認する形で王国は形成されている。だが少なくとも宗教的にはカトリックで強固に統一され、絶対主義国家への道を着々と歩んでいた。それにスペインには中南米がある。無尽蔵のごとき銀鉱脈は水銀アマルガム法の導入によって莫大な利益をもたらしてくれる。その地金による大西洋貿易が隆盛を迎え、この頃には地中海貿易を凌駕《りょうが》している。

そしてなんといってもネーデルラントがスペイン領となったことである。かつてのフランドル伯領を中心としたネーデルラントの当時の人口密度は一平方マイル当たり一〇四人。ちなみにイタリアは一一四人、フランス八八人、イギリス七八人。ポルトガルを含むスペイン本国はわずかに四四人にすぎない（ウォーラーステイン『近代世界システム』Ⅱ参照）。

この人口密度は商工業の盛んな都市の密集度を示すバロメーターである。事実、ネーデルラント一七州はその狭い面積に約三五〇の都市を抱えていた。前述のように一五三一年、アントワープには早くも証券取引所が開設されている。まさしくネーデルラントは「世界貿易のターンテーブル」であった。そしてここから上がる税収は、中南米から本国スペインに運ばれる金銀の総額を上回っていた。ネーデルラントは、十六世紀に始まる第一期グローバリゼーションを促すヨーロッパ世界経済システムの牽引《けんいん》車であったのだ。こんな虎の子を抱えていたことが、スペインが「ヨーロッパの会計官」と呼ばれた所以《ゆえん》である。

ところが、である。そのスペインが一五五七年、一五六五年と二度にわたり国家破産を繰り返している。おかげで、スペイン王室に大名貸しをしていた南ドイツのアウクスブルクの豪商フッガー家とヴェルザー家は、没落の道を歩み始めることになる。むろん、ネーデルラントも無傷ではすまない。証券取引所の街アントワープは窒息する。しかしネーデルラントの北半分の北部七州はこの危機をなんとか持ち堪える。と同時に宗主国スペインからの離脱の動きをみせた。

さて、スペインのそれと同じく一五五七年に起きたフランスの国家破産を誘発したこのスペイン経済危機、とはすなわち、第一期ヨーロッパ世界経済システムの危機は、さまざまな要因が重なってのことであった。

そしてここでその一因に、父カール五世からスペイン王位とナポリ、ネーデルラントを受け継いだ、スペイン・ハプスブルク家の祖フェリペ二世の狷介固陋《けんかいころう》な人品骨柄を挙げても間違いないだろう。

本書の序章に書いたように、フェリペ二世とはカトリックによる世界統一の夢に取り憑かれ、フランスのカトリーヌ・ド・メディシスが約二万人の新教徒を殺戮《さつりく》した「聖バルテルミーの虐殺」の報を受けるや快哉を叫び、ただちに記念貨幣を発行し、神への賛歌をもってこの近世史上最大の大量虐殺を言祝《ことほ》いだ人物である。

カトリーヌ・ド・メディシスの蛮行は、フランスの宗教内戦に対して定見もない場当たり的な政策が弾みで引き起こしたものであった。しかしフェリペはいわゆる確信犯である。おぞましい異端審問による宗教弾圧は苛烈《かれつ》を極めた。ユダヤ人の追放により金融ネットワークは崩壊する。農業土木事業に秀でたムーア人への弾圧により、スペインの国土は荒れ果てる。さらには無敵艦隊の建造のために無数の木を切り倒す。おかげで復元力の乏しいスペインの山は禿山《はげやま》となる。そしてなんといってもフェリペは、中南米の金銀とネーデルラントの税収を頼りに国内の産業育成を怠り、スペインを生産国家から徹底した消費国家に転落させた張本人であった。

したがってスペインにとっては、二度の国家破産にも持ち堪えたネーデルラント北部七州こそがスペインの生命線となる。

商工業の盛んなネーデルラントは、経済的自助努力も神の恩寵《おんちよう》によると説くカルヴァン派が勢力を握っていた。これに対してフェリペはネーデルラント諸州に宗教裁判所を設置して弾圧を加えた。一五六七年には冷血な猛将アルバ鉄公をネーデルラント総督として送り込む。

鉄公はいわゆる「流血参事会」を設立し、約一万八〇〇〇人を処刑する。加えて鉄公は恐ろしい重税策を布く。動産不動産を問わず一パーセントの財産税、土地の名義変更には五パーセントの印紙税、あらゆる商品に一〇パーセントの消費税等々である。

「これならばローマ教皇よりトルコのほうがまだましだ」と、弾圧の標的とされた自由都市の多く集まるネーデルラント北部七州が反乱の火の手を上げたのも無理はない。

これが、一五六八年に始まり、一六四八年のウエストファリア条約での決着をみるまで八〇年続いた、オランダ独立戦争である。独立派の初期の指導者は、ドイツの名門ナッサウ家の血を引くオラニエ公ウイレム一世（沈黙公）とゲーテの戯曲やベートーヴェンの序曲で後世に名を残すエグモント伯爵であった。

これが本書冒頭に引いた、シラーの戯曲『ドン・カルロス』の歴史的背景である。そして主人公である皇太子ドン・カルロスの逮捕・監禁劇にタクシス家の郵便網が一役買ったのも、先述のとおりである。

それではその郵便は、このハプスブルク家の系統分裂、すなわち世界帝国崩壊によりどうなったのか？

新しい都市空間ネットワークを生み出した商人が復活させた都市飛脚

ハプスブルク家の系統分裂により、神聖ローマ皇帝を受け継いだオーストリア・ハプスブルク家の祖となったフェルディナント一世は、兄帝カール五世が在位中に、オーストリアの世襲領を与えられていた。そしてかれは一五二一年、そのオーストリアとハンガリー、ボヘミアを加えた世襲領にオーストリア郵便を設立した。これは領邦郵便といわれるものである。この郵便はこの頃にはまだ領邦内の公文書のみを輸送するだけで、しかも民間には開放されていない、部分的コミュニケーション施設にとどまっていた。ブランデンブルク、ザクセン選帝侯領内に設立された領邦郵便も同じようなものであった。ユニバーサル・コミュニケーション施設はあくまでも帝国郵便が受け持っていた。フェルディナントは帝位継承の際にこの帝国郵便もそのまま引き継ぐはずであった。

ところが帝国郵便はスペイン王となったフェリペ二世が引き継ぎ、その維持費もスペイン王政府から支払われることになった。するとアウクスブルクとアントワープを結ぶ最も重要な郵便コースが事実上、スペインの所有となる。カール五世在位のときはこれでもよかった。しかしかれの世界帝国崩壊後、帝国（ドイツ）とスペインはそれぞれの国家理性を追求することになる。そのときさまざまな問題が露呈する。

皇帝の紋章を授けられた宿駅長（郵便局長）は皇帝に忠誠を誓うのか、それとも金主であるスペイン王に誓うのか？　宿駅長に対する裁判権を持つのは皇帝かそれともスペイン王なのか？　スペイン王の所有する帝国郵便は帝国内の領邦を通過する際にスペイン王の名で、あるいは皇帝の名で通過するのか？　カールは一五五五年の「アウクスブルクの宗教和議」で「領主の宗教は領民の宗教」とした。ところがスペイン王フェリペ二世はプロテスタントをあくまでも異端としており、「宗教和議」そのものを認めていない。プロテスタント諸侯の存在を認めたのである。つまり少なくともルター派を容認し、プロテスタント諸侯にとってこれは絶対に容認できない。諸侯は帝国郵便をカトリック国スペインの施設として敵視することになる。ドイツ北部、西部のプロテスタント諸侯は帝国郵便との連結を断った。

そしてなんといっても、帝国郵便の金主であるスペイン王国の二度にわたる国家破産である。二度目の国家破産が宣告された二年後の一五六七年から、郵便局長は契約に定められた年一〇〇フローリンの報酬がまったくもらえなくなった。そのため郵便局長は配達人に給料を払うことができない。配達人のストライキと郵便物抜き取りが頻発するようになった。

こうして、ネーデルラントからドイツを経由してイタリアに至るドル箱路線が機能麻痺に陥ることになる。だがこの郵便コースは帝国の、ひいてはヨーロッパ全体の政治・経済の血液循環器となっている。その機能麻痺を座視するわけにはいかない。帝国諸侯はシュパイアー帝国議会で父フェルディナントの跡を継いだ皇帝マクシミリアン二世に「帝国郵便の維持を図ることが皇帝の責務であり、郵便を外国の手に渡してはならない」と要請した。つまり、帝国郵便をスペインの手から皇帝の手に、ということである。

しかしこの郵便危機にいち早く対応したのはなんといっても商人たちである。かれらの対応策は、諸侯たちのそれよりももっと現実的でかつ手っ取り早かった。すなわち、かれらは自分たちの拠点である帝国都市の都市飛脚を復活させたのである。ただ復活させたのではない。近代郵便の指標となる機能をことごとく兼ね備えた都市飛脚制度を驚くほどの短時間で作り上げた。飛脚には禁じられていたリレー式輸送による速度の確保。週一回の定期輸送。料金表の設定。誰もが利用できる門戸開放はいうまでもない。

もちろん、これは一都市単独でできるわけはない。多くの都市の共同事業により都市飛脚制度は整備されていった。

この都市飛脚の公共性、リレー輸送、定期輸送が新しい都市空間ネットワークを生み出していった。スペインからの独立を狙ったネーデルラント北部七州がこのネットワークを利用する。スペインの国家破産の打撃にも持ち堪えた北部七州の経済力が、この新しいコミュニケーション・ネットワークを活気づけた。プロテスタント諸侯も参加した。

こうして都市飛脚は、一五七〇年代に入ると、スペイン所有の帝国郵便に取って代わろうとする勢いをみせるようになる。アウクスブルクの都市飛脚にいたっては、帝国郵便にのみその使用が許されていた郵便ホルンまで登場したぐらいであった。

これに対してオーストリア・ハプスブルク家の帝国政府は、帝国郵便の死守のためにさまざまな手を打つ。それは皇帝がマクシミリアン二世からルドルフ二世へと代替わりしたときのことである。ルドルフの郵便改革が始まった。

第五章　ヨーロッパ各国の郵便改革

ルドルフ二世、一五九七年に帝国郵便を創設

ルドルフ二世。歴代ハプスブルク家の皇帝のなかで極めつきの変人である。かれは宗教改革で分裂の道を突き進む帝国を、「知」によって和合させようと夢想した。しかもかれのいう「知」とは、神秘諸術のヘルメス学であった。それゆえ「ルドルフの円卓」に集う騎士は錬金術師、占星術師、魔術師等々ばかりで、かれが帝都と定めたプラハは「魔法の街」となる。要するにルドルフは、皇帝としてはまったくの無能であったのだ。

ところが近代郵便史では、ルドルフは郵便改革者あるいは郵便の保護者となっている。もちろんそれはルドルフの資質によるものではない。かれは郵便改革が必須の時期にたまたま皇帝であったにすぎない。郵便改革の真の実行者は、近代国家成立という時代の要請であった。

近代国家は国家独占の道を歩む。郵便というコミュニケーション手段も例外ではない。そしてルドルフ二世、正確にいうとルドルフの皇帝政府は、郵便の国家独占の理論的裏づけを主張したのである。ハプスブルク家が皇帝となる神聖ローマ帝国（ドイツ王国）が

もともと強固な中央集権国家であったならば、郵便の国家独占のための精緻《せいち》な理論など必要なかったかもしれない。しかしカール五世によるヨーロッパ世界の「帝国」化の試みとその失敗の後、ドイツは前にも増して分裂国家となっていった。あらゆる権力の国家独占は夢のまた夢となった。ドイツでは帝国ではなくて各領邦が、正確にいえば大領邦国家が権力の国家独占を求め絶対主義の道を突き進んでいた。そのなかで郵便を皇帝政府が独占し続けていくことは果たして可能なのか？

結論からいえば無理であった。それゆえ、一五七〇年代後半から始まり一五九七年の帝国郵便創設に至るルドルフの皇帝政府の郵便改革は、結局は中途半端に終わる運命にあった。少しその経緯を覗《のぞ》いてみよう。

ルドルフ二世（ウィーン美術史美術館蔵）

タクシス家の帝国郵便は、帝国都市の共同事業である都市飛脚制度に完敗したわけではなかった。確かに配達人の度重なるストライキと郵便物抜き取りに悲鳴をあげてはいたが、帝国、イタリア、スペインを軸とする郵便インフラはまだ残っていた。

このインフラを再活性化するために、皇帝政府は郵便大権を主張した。郵便大権は国王大権に属するというのである。

国王大権とは、中世ヨーロッパにおいて、国王に属した特権的な収入源であった関税権、貨幣鋳造権、市場開設権、狩猟権、林業権、鉱業権などの国王の収益特権のことである。今日の公法上の専売特権は、こうした中世的伝統の延長線上にあるものと解される（田沢五郎『ドイツ政治経済法制辞典』参照）。

近代国家の歩みはこの国王大権の強化のそれであった。しかし、ドイツの場合はその逆を行った。十一世紀末頃から、すなわち叙任権闘争により皇帝権（ドイツ王権）が弱体化してからというもの、国王大権は領邦諸侯にもぎ取られていき、一三五六年の「金印勅書」により鉱山採掘権、塩税権も選帝侯に与えられ、十六世紀にはドイツ独特の領邦国家体制が確立されたのである。

そんなときに国王大権の新たな主張である。ルドルフ二世は一五九七年、郵便事業は国王大権に属すると宣言した。そして皇帝政府以外の郵便事業の禁止を宣告し、「郵便事業の保護者」に帝国大宰相であるマインツ大司教（筆頭選帝侯）を任命した。

これでいわゆる正式な帝国郵便が創設されたことになる。マクシミリアン一世、カール五世以来のタクシス家の郵便事業を便宜的に帝国郵便と呼んできたが、皇帝による郵便大権の主張はこれが初めてであった。そしてそのために二年前の一五九五年、ルドルフは、スペインの郵便総裁であったレオンハルト・フォン・タクシスを帝国郵便総裁に任命した。

帝国郵便と領邦郵便の奇妙な内縁関係

さて、もちろん諸侯はこの郵便事業国王大権論に反発する。

しかしそれにしても郵便大権とはいかにも耳新しかった。郵便はまったく新しい事業で、従来の国王大権にはなかったものである。そこで郵便大権をめぐって国法学者を巻き込んでの論争が始まった。古代ローマの公用郵便＝駅伝制度とこの近代初期の郵便制度を同一視することで国王の郵便大権を主張する学者もいれば、逆にこの二者を峻別《しゅんべつ》して法理論を展開する法学者もいた。

ルドルフ二世の皇帝政府は自由通行権を持ち出した。郵便は個々の領邦を通過する。そして皇帝だけが自由通行権、つまり通行許可証、通関（運送許可）証を与えることができる。だからこそ郵便事業は国王大権に属するというのである。

カトリック諸侯はバイエルン選帝侯をはじめとしてだいたいがこの郵便大権を認めた。ただし、自領内の郵便コースへの権利は保留するというものであった。一方、ザクセン、ブランデンブルク選帝侯を筆頭とするプロテスタント諸侯は難色を示した。

問題は、帝国郵便以外の郵便事業の禁止である。ザクセン、ブランデンブルクは領内に領邦郵便を持っている。これは最初は公用郵便に限定された部分的コミュニケーション施設であったが、徐々に民間に開放されユニバーサル・メディアに変質していった。そしてこの領邦郵便は重要な収入源に成長していった。とりわけブランデンブルクの発展は目覚しいものがあった。これを禁止せよといわれても絶対に認められないことであった。

皇帝政府も強く出ることはできない。諸侯は痛いところをついてくる。すなわち、皇帝家のハプスブルク家も帝国内の一領邦諸侯である。その一諸侯であるハプスブルク家は自領のハプスブルク世襲領内にオーストリア郵便を運営している。これはまぎれもなく領邦郵便である。なぜハプスブルク家だけが領邦郵便を持てるのか？　皇帝家だからというのは理由にならない。確かにここのところ皇帝位はハプスブルク家が独占し続けている。しかし帝国法によれば皇帝位は世襲制ではない。ドイツは「金印勅書」により純粋な選挙王制となったではないか。

結局はハプスブルク家お得意の問題先送り、うやむや解決になる。その裏で帝国郵便と領邦郵便の妥協と連結が進んだのである。すると、ドイツの郵便網はいっそう濃密になるという皮肉な現象が起きてくる。このことは、スペイン政府の国家破産に端を発した郵便危機の際に台頭してきた諸都市共同の都市飛脚制度に、大きな影響を与えた。短時間で構築された都市空間ネットワークはたちまち、帝国郵便と領邦郵便の奇妙な内縁関係にのっとられていった。

中途半端に終わったルドルフの郵便改革

さて郵便危機はなにも郵便大権の所属が不分明であったことから出来《しゅったい》したわけではない。郵便事業の維持費、特に配達人などへの給料を政府の助成金に頼っていたことが主な原因であった。郵便が公用郵便に限定されていたときはそれもやむをえなかった。しかし今では郵便は民間への門戸開放によりユニバーサル・メディアとなった。にもかかわらずその郵便事業の利益はタクシス家の懐に入り、事業経費に還元されなかった。確かに郵便コースの設置、宿駅の整備など、タクシス家が払った最初の設備投資は莫大なものであった。しかもこの事業体は正式にはタクシス家の世襲ではなく、いつでも他家に取って代わられる危険があった。同家が貪欲《どんよく》になるのも無理はなかった。

そこでこんな主張がされるようになった。

今や郵便は定期郵便が当たり前となった。郵便は人々の生活に深く根を下ろしている。手紙の輸送量が飛躍的に増え、同時に人を輸送する旅行業も莫大な利益を上げている。つまり郵便事業は、中・長期的なプランの策定により、政府からの助成金なしでも十分に利益を上げられるのだ。ただし、独立採算に移行する際には莫大な費用がかかる。それゆえこのイニシャルコストの保全のために、郵便事業の請負業を世襲の権にするのはやむをえない、と。二〇〇七年一〇月までの日本の特定郵便局の局長が局長職を世襲していたのも、これと同じ理由なのだろうか？

ともあれ、この郵便事業独立採算計画は数年のうちにヨーロッパ各国で採用された。だが肝心のルドルフの皇帝政府はこれに耳を貸さなかった。一五九七年発足の皇帝政府の帝国郵便は相変わらず従来型のもので、あくまでも皇帝の郵便という面子《メンツ》にこだわったものであった。皇帝陛下が郵便大権行使のための助成金を下賜できないという風評だけは絶対に避けねばならない、というわけである。

つまりハプスブルク家は経済よりも政治に重きを置いたのである。それでいて政府からの助成金は相変わらず滞りがちであったので、始末が悪かった。ときにはトルコ税として諸侯から集めた対トルコ戦の軍費を、郵便事業助成金に流用することもあった。ルドルフの皇帝政府の郵便改革は中途半端に終わったのである。

そして郵便先進国であるドイツがこの中途半端な改革に終始していた頃、ドイツに後れを取っていたフランス、イギリスの郵便事業がここにきて注目に値するようになってきた。カルムスの『郵便の世界史』を参考に両国の近代郵便成立をみてみよう。

フランスの郵便制度の近代化

フランス王シャルル八世は一四九四年、総勢九万の軍勢を率いてイタリアに侵攻した。

結局この遠征はなにも得るところはなかった。その五年後の一四九九年、シャルル八世の後を襲ったルイ十二世の率いるフランス軍が再びイタリアに侵攻した。フランス王国とハプスブルク家とがイタリア権益をめぐって熾烈な争いを繰り広げた「イタリア戦争」が本格化した。ここにヨーロッパ近代が呱々《ここ》の声をあげたといわれている。

それはともかく、この二度の遠征で、フランスはイタリア諸都市国家に根を張り出した郵便制度を知ったといわれている。しかし同じイタリアを手本としたドイツが郵便制度を早々と定着させたのに比べて、フランスは遅々として進まなかった。その主たる原因は、先述したとおり、パリ大学の大学飛脚制度の存在であった。

フランスで郵便制度の整備が本格化するのは十六世紀後半になってのことである。これはちょうどシャルル九世、アンリ三世の治世にあたる。シャルル九世、アンリ三世の兄弟の母はイタリアのメディチ家からフランス王のアンリ二世に嫁いできた例のカトリーヌ・ド・メディシスである。そして二人の長兄がフランソワ二世で、メアリー・スチュアートの前夫になる。メアリーは夫の早世後、実家のスコットランドに帰り、恋多き暮らしに明け暮れ、その挙句かどうか知らないが終生のライバルであったイギリス女王エリザベス一世により処刑された人物である。

いずれにせよ、フランソワ、シャルル、アンリの三兄弟は、かつてハプスブルク家のカール五世と四つに組んだ、フランス王家ヴァロワ家の傑物といわれたフランソワ一世の孫にあたる。かれらはこの祖父の悪いところだけを受け継いだようだ。それとも母がイタリアから持ち込んだ「ボルジア家の秘薬」の毒気をたっぷり吸い込んだのか、怯懦、驕慢、矯激、狂愚、虚弱のオン・パレードである。三人とも相次いでフランス王となるが、いずれも嗣子なくして急逝する。その間、フランス宮廷は靡爛《びらん》・退廃の極致をいく。

要するに当時のフランス王国はガタガタで、王権の低下は目を覆うばかりであった。事実、アンリ三世の後、ヴァロワ家は断絶した。代わりに傍系のブルボン家が登場し、フランスは絶対主義国家へと突き進む。

ヴァロワ家のこの三兄弟はフランス国家近代化の産みの苦しみを担い、人柱となったようなものであった。ちょうどこの時期に、国家とコミュニケーションの関係を決定づける近代郵便制度の骨格が出来上がっていったのである。ハプスブルク家の神聖ローマ帝国も歴代皇帝のなかで最も無能と思われたルドルフ二世のもとで郵便改革が行われた。フランスもその顰《ひそみ》に倣《なら》ったのか、ろくでもない三兄弟のもとで近代郵便が芽を吹き出した。これも為政者の資質ではなく、時代の要請のなせる業であったのだろう。

郵便制度でも辣腕《らつわん》宰相リシュリュー

一五六五年、シャルル九世はフランス郵便局の総裁を王の直属とし、王の保護下に置いた。これは大貴族の領地の不輸不入の権の侵害であった。大学飛脚の領地通過とわけが違う。いわば王政府の官吏が直々に乗り込んでくることになる。貴族は猛反発する。王はこれを無視した。

次のアンリ三世も同様の措置をとる。もちろんだからといって、これによりただちに郵便制度が整ったわけではない。なにしろフランスは宗教内戦の真っ只中にあった。王の専制など望むべくもなかった。それでもアンリ三世は一五七六年、王立郵便を設立し、公用郵便の独占はもちろん、民間の手紙や小包の輸送を始めた。大学飛脚つぶしを始めたのである。大貴族は、パリからトロワ、ルーアン、オルレアン、ボーヴェまでの郵便コース新設の勅書に対して、人と物資の輸送は国王独占の大権ではないと反発した。

これに対してアンリは一五八五年、郵便総裁に不逮捕特権（治外法権）を与えた。だが、さすがにこれは撤回することになる。王の勅書はただの宣言に終わり、実効には遠く及ばなかった。

アンリの大学飛脚つぶしは失敗に終わり、フランスでは、一七一九年の郵便公社設立まで、郵便事業は官民並存状態が続くことになる。

しかし特筆すべきことは、その勅書に表れたフランス郵便政策の理念である。すなわちフランス王政府は郵便の国家独占を最初から志向していたのである。王立郵便にすべての手紙の輸送をさせるのは、世論を監視し、通信を管理することで政治的情報を独り占めにするためであった。

こうしたヴァロワ家末期の郵便政策を受け継ぎ、ブルボン朝の開祖アンリ四世は王立郵便馬車のための行政組織を設立する。しかしかれはパリ大学の飛脚制度の従来の特権は認めた。大学飛脚つぶしに手心を加えたのである。ブルボン朝の開基はあくまでもフランス王家の相続法によるものであったが、同時に大貴族同士の妥協の産物でもあったのだ。アンリ四世が宗教内戦を終結させた「ナントの勅令」がその象徴である。つまりカトリックとユグノーの凄惨《せいさん》な宗教内戦も、宗派に名を借りた大貴族同士の権力争いの側面もあったのである。アンリ四世は新生ブルボン朝の安定のために大貴族との和解を試みた。

そうはいっても、アンリ四世の王立郵便馬車の導入は画期的であった。これは、旅行や物資運搬のための馬の賃貸をする、国営組織の創設につながった。そして一六〇二年、この国営組織は王立郵便と正式に合体した。

アンリ四世の死後、ルイ十三世が即位する。快男児ダルタニヤンが縦横無尽に活躍する『三銃士』の世界だ。この小説で徹底的に悪役を振り当てられたのが、宰相リシュリューである。この凄腕宰相がドイツ三十年戦争を陰で操作し、フランス絶対王朝の礎《いしずえ》を築いたことはいまさらいうまでもない。

そのリシュリューは郵便政策でも辣腕を振るう。かれは大学飛脚制度根絶に乗り出した。一六二二年、郵便総裁に不逮捕特権を与える。さらに郵便総裁の許可のない乗用馬の禁止を通告、翌二三年、外国人が郵便を使用するのは、郵便総裁あるいは各州の当局の許可があるときだけとした。すべての外国人の通信の監視強化である。一六二七年、手紙と小荷物輸送の料金表が印刷物となり広く公表される。各郵便局長による恣意的《しいてき》な料金設定を阻

辣腕宰相リシュリュー（ロンドン、ナショナルギャラリー蔵）

止し、郵便利用を簡便にするためである。
こうして矢継ぎ早に打ち出された改革により、フランス郵便は一挙に近代郵便の指標を兼ね備えることになる。
それだけではない。リシュリューは、郵便に国家警察の観点を導入したのである。
十七世紀の警察は、現代の「警察は民事に介入せず」という原則の対極にあった。文字どおり「揺り籠《かご》から墓場まで」万民の安寧を願う「ありがたき警察」であり、市民生活のすべてに口を挟み規制した。これも近代国家成立の一里塚であり、「ありがたき警察」はそのあくなき規制欲でフランス市民社会の秩序維持を強行した。このフランスの「ありがたき警察」制度がただちにヨーロッパ各国に伝播したのはいうまでもない。

さて警察と郵便とくれば、手紙の検閲である。検閲制度を完璧なものにするにはフランスのすべての通信が国営郵便だけで行われなければならない。一六四三年（リシュリューの死の翌年）、パリ大学飛脚の特権が無効とされた。これで国家による大規模な手紙の検閲体制が整うが、これについては後に詳述する。

郵便収入を国庫金原理に組み入れたフランス

さて、いよいよルイ十四世の時代である。一六五四年、郵便制度は王の直属となる。これにより郵便収入はすべて王の金庫に入り、郵便の中央集権化が完成する。しかしこの郵便の王政府直属制度は長続きがしない。ルイ十四世は寵臣《ちようしん》ルーヴォワを郵便総裁に任命し権限の委譲を行った。

ルーヴォワは、それまで傭兵隊長が握っていた軍の編制権を国王の手に奪取し、軍制改革を推し進めた立役者である。ルーヴォワのもと、フランス軍は三〇万の常備軍を擁することになった。そんな人物を郵便総裁に据えるということは、とりもなおさずルイ十四世が、郵便を絶対主義国家確立のために警察的にも政治的にも最重要な組織として看做《みな》していたことの証左である。

ルーヴォワは国内全土に手紙の監視と郵便収入増大のための郵便網を敷いた。そのために民間の飛脚制度を根絶した。そして外国と郵便契約を結び、フランスに来る外国郵便を一手に握り、逆に外国向けの手紙はフランスの郵便コースに乗せて、外国郵便による検閲を避けようとする。そのためにかれは、外国の領地にもフランス郵便網とフランス郵便局を設置する。たとえばジュネーヴにフランス郵便の郵便局を置いた。この主権侵害は、もちろん三〇万の常備軍が無言の圧力となっていた。さらにルーヴォワはドイツの帝国郵便と契約を結び莫大な通過料金を手に入れる。ミラノやスペインとも契約を結び、郵便のフランス領通過を保障する。これも莫大な通過料金と検閲が狙いである。

ここまでは順調であった。しかしルイ十四世のフランス絶対主義にも翳りが出てくる。相次ぐ戦争のために国庫が空っぽになる。ルーヴォワも王の寵愛を失い失脚する。そして一六七六年、郵便事業の賃貸契約システムが始まった。これは徴税請負制度と同じ発想である。
王政府は徴税請負業者からあらかじめ税を納めさせる。経済の好不況は関係なく、農作物の豊作、凶作も関係ない。税収入の伸び悩みに頭を悩ます必要もない。そして請負業者は元を取るために苛斂《かれん》誅求《ちゅうきゅう》に徹する。

郵便もこれと同じ構造となった。王政府は絶えず賃貸料金の値上げを請負業者に迫る。請負業者は元を取るために必要以上に郵便料金を吊り上げる。こうしてフランス郵便は少数の請負業者（資本家）によるあくどい搾取の対象となった。

しかしだからといって郵便が国家の手を離れたわけではない。以前と同じように国家の監視下に置かれた。一七一九年、郵便公社が設立され、民間の郵便事業は表向き排除され、民間郵便事業主はこの郵便公社の請負業者に転身することになる。それゆえ、国家による手紙の検閲はますます精緻なものとなり、後述するようにフランス郵便の検閲制度はヨーロッパ各国のお手本となっていくのだ。

この郵便事業の賃貸契約システムはフランス大革命まで続いた。

つまり、フランスは他国に先駆けて郵便収入を国庫金原理に組み入れ、郵便は国家にとって収入を生む金の卵となったのである。確かにこの間、郵便局は驚くほどに増加し、配達が迅速となり、パリ市には都市郵便が設置され、道路と郵便馬車が改善された。しかしそれにしても郵便料金は異常に高かった。政府が郵便事業の賃貸料金を高額に設定し、賃借人は元を取るために郵便料金にそれを上乗せするという悪循環が続いた。この郵便料金の高さと「信書の秘密」に対する公然たる侵犯がフランス革命の一因となった、といわれているぐらいであった。

中央集権化に向かったイギリスの郵便制度

イギリスの郵便制度は資料によると一五一二年に導入されたとある。十六世紀全般では郵便コースは四つしかなかった。ロンドン―ウォリック、ロンドン―ドーヴァー、ロンドン―ボーマリス、ロンドン―プリマスの四コースで、いずれも公用郵便に限定されており、私信はもっぱら飛脚により輸送されていた。

商人飛脚は、大陸のフランドル地方からイギリスに輸入された毛織物の運搬と決済に使われた。国はこれに口出しすることはなかった。

ところが一五九一年、エリザベス一世が郵便の国王大権を宣言して、事情は一変する。民間の飛脚業が禁止される。当初はロンドン―ドーヴァー路線の外国郵便に限定されていた郵便大権が徐々に広がっていく。一六〇三年、旅人に馬を賃貸できるのは郵便局長だけとなる。そして一六〇九年、郵便の国王大権がイギリス全土に布かれた。

要するにエリザベス女王は大陸の例に倣って、イギリスに郵便網を敷こうとしたのである。しかしあまり成功はしなかった。商人たちは飛脚禁令にもかかわらず、国の郵便よりも民間の飛脚を利用した。エリザベスの国営郵便はほとんど機能せず、外国郵便だけがかろうじて面目を保つといった程度であった。といっても外国郵便はそれなりにドル箱であった。

イギリスの郵便制度が機能しだしたのは、チャールズ一世の時代あたりからである。しかしそれにしてもまたしてもというところか。どういうことか?

つまりチャールズ一世とは、その専制政治で清教徒革命を引き起こし、結局は処刑されたイギリス王である。ドイツのルドルフ二世、フランスのシャルル九世、そしてイギリスのチャールズ一世と、暗愚な君主のときに郵便制度が花開くのだ。これも歴史の皮肉である。君主の資質に関係なく、ここでも時代の要請がそれだけ切羽詰っていたのだろう。

イギリスの場合、スコットランドとの急速なつながりの強化が郵便制度の整備を促した。処女王エリザベス一世の死後、例のメアリー・スチュアートの息子であるスコットランド王ジェームズ六世が、ジェームズ一世としてイギリス王を兼ね、一六〇三年、イギリス・スコットランド連合王国のスチュアート朝が開基した。ジェームズ一世の在位二二年間で両王国の結びつきは強まり、後継のチャールズ一世の時代を迎えたというわけである。一六三五年、ロンドン―エジンバラ間の郵便コースができる。一六三七年、郵便の国王大権が、国営郵便がある街は国営郵便を使うべし、郵便コースから外れた街では民間の飛脚を利用してもよい、と一部修正されるが、政府の郵便独占欲はいっこうにおさまらない。一六四九年にはロンドンの都市飛脚も禁止され、それにより国営郵便の収入が莫大なものとなった。そしてこの時期に清教徒革命が起きた。

清教徒革命後、イギリスの独裁者となった護国卿クロムウェルは一六五七年、郵便の国家独占令を公布する。かれは「共和国に対する陰謀を発見し、防止するには郵便独占が最もよい手段である」と、郵便検閲の徹底を図ったのだ。

一六六〇年の王政復古の後も国家による郵便独占の姿勢は変わらなかった。そしてドイツの帝国郵便、フランス郵便などとの郵便契約により外国郵便ルートが勢いづき、国内の郵便事業そのものを活性化した。しかし郵便事業そのものはフランスと同じく賃貸システムとなる。

一六八〇年、ロンドン市内に一ペニーで手紙を配達する「ペニー郵便」が登場した。これは民間の営業であった。翌八一年、「ペニー郵便」はスタンプを導入し、利用者が配達日を計算できることになった。これが爆発的人気を呼んだ。すると政府は黙っていない。「ペニー郵便」の創始者はカトリック教徒であった。そこでこの「ペニー郵便」はカトリックの政治的道具と化しているという猛烈な批判が起きる。政府は一六八五年、この「ペニー郵便」を強引に国営化し「ロンドン郵便」とした。これによりイギリスの郵便制度の中央集権化が進み、十八世紀初めにイギリス郵便は大きな発展を遂げるのである。

第六章　郵便と検閲そして新聞

粉みじんに打ち砕かれたミラボーの「信書の秘密」遵守演説

フランス大革命のときのことだ。一七八九年七月二二日夜から二三日にかけて、国民議会の代表者は、自分たちにとってその内容を知ることが極めて重要な、政敵に宛てたある政治的信書を差し押さえた。パリ市の常任委員会は「信書の秘密」を理由に、その差し押さえた信書を開封せずに差出人に返却した。そして二五日の国民議会にことの全容が報告された。すると、常任委員会のとった処置は是か非かという、激しい論争が巻き起こった。政敵に宛てたこれらの手紙は「信書の秘密」の原則から除外されるべきであったかどうかという議論が白熱し、両者は譲らなかった。そのとき、ミラボーが演説する。曰《いわ》く、「自由になろうとしている民衆が暴君の常套《じょうとう》手段を使用することは果たして正しいことだろうか? 決してそうではない」と。これで論議が決着した。一年後、国民議会はそれまで秘密業務(検閲業務)に携わっていた郵便局員に支払われていたさまざまな秘密報酬を廃止した。そして郵便局員に「信書の秘密」の遵守を誓約させることになる。

しかし一七九九年、革命権力は執政政府の手に渡る。翌年、ナポレオンが北イタリアを掌握した。イタリア宛のすべての手紙が管理され、「信書の秘密」の原則は粉みじんに打ち砕かれる。執政政府は「手紙の監視は共和国の維持と人権擁護の最良の手段である」と宣言した。

このように「信書の秘密」という概念はあることはあった。たとえば当時の郵便先進国ドイツでは「信書の秘密」は守られるべき法益とみなされていた。ハプスブルク家のマクシミリアン一世により設置された近代郵便の発祥の地の一つであるインスブルックは、チロル伯爵領の首都であった。その伯爵領の一五三二年の法令では、「信書の秘密」の違反者は「偽造の罪」に問われたのである。

しかしこの「信書の秘密」の法益は、国家理性の前では常に蟷螂《とうろう》の斧《おの》にすぎなかった。特に絶対主義を志向し始めたヨーロッパ各国は、手紙の検閲を強化した。その先鞭《せんべん》をつけたのが、宰相リシュリューの率いるフランスであった。前章で述べたように、このフランス式検閲制度がヨーロッパ各国のお手本となった。

信書の秘密裏の開封は郵便の歴史そのもの

一五三〇年代、つまり神聖ローマ帝国の郵便事業第一期黄金時代、タクシス家の帝国郵便に対して、ネーデルラントからフランスを経由してスペインに至るコースの設置をフランスが絶対に許可しなかったのは、カール五世の信書を直接管理するうまみをフランスが十二分に知っていたからである。

思えば、信書の秘密裏の開封は郵便の歴史そのものであった。ドイツで帝国都市が帝国郵便を忌避し、都市飛脚制度にあれほど執拗《しつよう》にこだわったのも、飛脚のほうが郵便よりもはるかに「信書の秘密」への信頼性が高かったためである。そしてドイツ三十年戦争になると、手紙の監視こそが郵便の自己目的となる。だからこその暗号文の開発であった。

フランスの豪腕宰相リシュリューは、暗号解読の名人を幾人も抱えていた。ルイ十四世の時代になると、手紙の開封を専門的に行う部局が生まれた。リシュリューの衣鉢《いはつ》を継いだ宰相マザランが考案し、財政総監コルベールが完成させたこの部局は「影の官房」と呼ばれ、ナポレオン三世の時代まで存続したという。

標的の手紙を郵便袋から抜き取り、やわらかいアマルガム・ペーストで印章の型を取り、手紙を開け、読み終わると取っておいた型で封印を押す。こうして外交文書、政治的文書はすべて開封され王の前に差し出された。

最初、手紙の開封はこれらの外国の公文書に限定されており、国家理性という大義名分を盾に、あまり良心の呵責《かしゃく》を感じることなく行われていた。しかし、ひとたびこの禁断の実を賞味すると食指は次々と伸びていく。特にセンセーション好きのルイ十四世は、この点でも大変な大食漢であった。「影の官房」は廷臣や大商人たちの手紙も開封し、王の毎日の食卓に届けるようになる。

手紙の量が飛躍的に増大する十八世紀になると、この「影の官房」は四部局に発展する。きっかけはスペイン継承戦争であった。スペイン・ハプスブルク家断絶の際に、スペイン宮廷で親フランス派と親オーストリア派が暗闘したが、結局、親フランス派が勝利したのもこの「影の官房」の手紙スパイ・ネットワークによるものであった。

スペイン継承戦争で、直接フランスと戦ってきたハプスブルク家のカール六世とオーストリアの名将プリンツ・オイゲンはこのフランスの通信スパイ・システムの価値を嫌というほど知らされた。カール六世はただちにこれをオーストリアに導入した。

まずはオーストリア郵便に手紙スパイ部門が設立される。帝国郵便がタクシス家により運営されていたのと同じように、オーストリア郵便はパール家が運営を任せられていたが、それがやがて国営化されたのは効率よく手紙の検閲を行うためであった。しかしオーストリア郵便はあくまでも領邦郵便であった。帝国全土に手紙の監視体制を布くためには、帝国郵便のタクシス家に協力させなければならない。皇帝政府はタクシス家に「秘密業務」を委託する。だがここでもフランス同様、手紙監視欲は無限に膨らむ。ついに帝国政府はこの「秘密業務」をタクシス家を介さずに直接行おうとする。

タクシス家の帝国郵便のエリアには二三の中央郵便局があった。そのなかで「秘密業務」を担う重要な中央郵便局はフランクフルト、ニュルンベルク、アウクスブルクだが、特にフランクフルトが最重要拠点であった。そこで皇帝政府はフランクフルト中央郵便局をタクシス家から切り離し、皇帝政府直属とした。「秘密業務」を行う郵便局員は帝国直属の職員となったのである。オーストリアはたちまちのうちにフランスを抜いて、世界に冠たる検閲制度を確立するのである。

郵便は、国家とますます癒着していくことになった。

新聞は郵便インフラを起源とする

当時書簡というものは、あて先に届くには届いたが、途中で開かれて、複数の人々によって読まれるということが大旨《おおむね》常態であった。（『ミシェル　城館の人』第二部）

これは本書の序章でも引用したが、堀田善衞の文である。作家は十六世紀フランス社会を克明に追うことで主人公ミシェル・ド・モンテーニュの実像に迫った。実はこの文の直後には「書簡は、いわばジャーナリズムの一種であった」という意味深長な文が続いている。

続けて読むと、まさしく言い得て妙である。手紙は途中で密かに開封され、複数の人々に回覧される。その意味で手紙はジャーナリズムであるというのだ。

そういえば新聞は、もとはといえば郵便が作り出したものである。

新聞のメルクマールは定期性と公共性と回覧性にある、とベーリンガーは『メルキュー

片面刷りの新聞を皮肉った16世紀の「新聞売り」の諷刺画

ルの標のもとに』で規定している。となると、新聞は当時としては郵便インフラに依存するしかなかった。ベーリンガーは新聞と郵便の関係を以下のように説いている。

昔は政治的経済的に重要な新しい出来事の伝達は手紙でなされていた。アウクスブルクの豪商フッガー家はさまざまな出来事の情報を主要都市から定期郵便により収集し、また自らそれらの都市に情報を発信していた。このフッガー家の膨大な手紙はいわば手書きの「新聞」であった。しかしこれはあくまでもフッガー家の私的情報データバンクであり、回覧性には欠けていた。

不特定多数の人間に情報を売るという意味での手書き「新聞」は、一四八〇年頃からあったといわれている。タイトルだけが活版印刷で中身は手書きという「新聞」が発刊されたのは、十六世紀に入ってからである。この「新聞」は当時の情報の集積地である宿駅＝郵便局からネタを代金引換えで拾っている。たとえば一五二七年、エラスムスをして「これは一都市の破壊というより、一文明の破壊です」と言わしめた、戦慄《せんりつ》すべき「ローマ略奪」（サッコ・ディ・ローマ）の情報を、ローマの郵便局長ペレグリーノは「新聞」の発行元に売り渡している。しかしこれらの手書き「新聞」はだいたいが一回限りのもので、定期性には著しく欠けていた。そしてこの種の手書き「新聞」の内容はだいたいが猟奇犯罪やセックス・ゴシップものが多く、お世辞にも公共性を踏まえたものとはいえなかった。「新聞」の定期性は一五六〇年代のドイツ、イタリア、スペイン、ネーデルラントを巡る主要郵便コースの整備と時を同じくして確立されるようになった。記事の内容もフランスのユグノー戦争やネーデルラントの反乱、あるいはトルコ戦の動向といったある程度の公共性があった。しかしこれは特定の題材に焦点を絞った特集シリーズ「新聞」であった。シリーズものだから長続きはしない。買い手＝読者の関心がなくなったらシリーズは終わる。五号から一〇号で終刊というのが相場であった。

定期新聞の先駆として認知できるのは、多くの主要都市で開催された見本市の報告である。見本市はなんといっても商人たちの関心が高かった。しかしだからといってこの「見本市報告」はなにも出展された商品と商談内容だけが掲載されるのではない。商売は何事においても世の中の動向を知ることが必須であった。それゆえこの「報告」には、戦争をはじめとするさまざまな出来事が情報として満載された。その発刊形態は今でいう「世界年鑑」に近いものであり、年刊であった。そのうち需要が多くなり、半年刊、やがて季刊、月刊へと定期性が増してくる。もちろん購読者には郵便で届けられる。

そして一六〇五年一〇月、シュトラースブルク（フランスのストラスブール）の印刷業者であるヨハン・カロルスによりおそらく世界初の活版印刷の定期新聞「報告」が発刊された。この新聞は週刊であったが、その年の最初の巻号から最終巻号まで年間タイトルページがついていた。地球に乗った羽のついたメルキュールの標章はその後、多くの定期新聞のシンボル・フィギュアとなる。

カロルスは読者への新年の挨拶で「紙面の誤植や誤りはそのままになっている。なぜなら、本紙は夜という不利な条件で印刷されたものであるから」と半ば居直っている。言わんとするところは、郵便が到着し情報が手に入ればその場で印刷にかかる、週二回あるいは三回、四回の定期便なら郵便到着のつどに印刷する、決して情報を一週間眠らせておかない、定期的な情報連結を繰り返し、情報の同時性を獲得するのが狙いである、というのだ。そのためにこそ手書きから、スピードと量を保証してくれる印刷に切り替えたのである。もちろん筆耕料などからいって、結局は印刷のほうがコストが安くついたということも印刷へ移行した大きな理由でもあった。

昔から人は活版フェティシズムがあったのかもしれないが、手書きから活版印刷に切り替えたことにより、新聞情報は威厳性を増してきた。一見個人的な意見に思えるものが活版印刷によりなんとなく普遍性や公共性を帯びてくる。つまり、新聞がそれまで雲上の高みにあった「知」と「権威」を世俗化、平準化させ、「世論」を形成していったのである。

1605年に創刊された世界初の定期新聞の年間表題紙（1622年版）

カロルスの世界初の定期新聞には情報の

出所と日時が書かれてあり、出来事の時間、空間の正確な位置が示されている。そして情報の出所は大部分が郵便局となっている。これは新聞に載せる記事のほとんどが通信員によって郵便というチャンネルを通して供給されたからである。さらにいえばこの時間と出所の明記は手紙による通信形態からきているといえる。まさに新聞は郵便を起源としているのだ。

ドイツ三十年戦争――情報を求め濃密化する郵便網

新聞の起源が郵便にあるとすれば、郵便を運営する郵便局が新聞発行の独占権を狙ってもおかしくはない。ドイツでは、タクシス家の運営する帝国郵便がヨーロッパ随一の郵便網を備えている。この帝国郵便が、たとえば「帝国郵便新聞」を独占発行していれば、「世論」操作など意のままにできたはずであった。ところが帝国政府は、新聞という新しいメディアに対して明確な政策を持っていなかった。ハプスブルク家の常だが、ここでも後手後手に回った。

その間隙を縫って、帝国郵便配下のいくつかの中央郵便局が新聞発行の独占を狙った。

そしてフランクフルトの中央郵便局長ビルグデンが、ドイツ三十年戦争前夜に、「フランクフルト郵便新聞」を発刊した。この新聞の発行部数は五〇〇から六〇〇で、当時のヨーロッパでは最大の部数を誇るようになる。そして「世論」形成の大きな武器となった。こうなると帝国政府と帝国郵便総裁タクシス家があわてだす。なぜならビルグデンは、郵便総裁職にあるタクシス家の裁判権に服する中央郵便局長の身でありながら、プロテスタントであったからである。ここで新聞の中立性が問題となってくるのである。

ドイツ三十年戦争は一六一八年に始まった。この戦争は少なくとも当初はカトリックとプロテスタントが激突した宗教戦争であった。そんなときヨーロッパ一の部数を誇る新聞の主幹が新教徒連合に加担し、あまつさえプロテスタント救済の名目でこの戦争に参戦してきたスウェーデン王グスタフ・アドルフのために数連隊の編制費用を拠出した、と公言して憚《はばか》らないのだ。ビルグデンの「フランクフルト郵便新聞」は「二万の軍隊に匹敵する、戦争の秘密兵器となっている」とカトリック陣営は非を鳴らす。一六二七年、ビルグデンは「フランクフルト郵便新聞」から追放された。

ともあれ、戦争の当事者は新聞の威力を知った。ドイツ三十年戦争は、新聞創刊ラッシュを生み出した。郵便網は戦争の惨禍《さんか》でずたずたになるどころか、情報を求めてますます濃密になっていく。ドイツ三十年戦争は、宗教内戦からやがてヨーロッパの覇権をめぐっての国際戦争へと変質した。すると、ドイツの新聞創刊ラッシュがヨーロッパ各国へ波及するようになる。

一六二二年、ロンドンの新聞は週二回の発刊となる。この年とは、イギリスが大陸各国との郵便契約により郵便連結が可能となった年でもある。同年、オーストリア、スイスでも新聞が発刊される。

フランスはリシュリューの辣腕により郵便網が整備され、それに乗った定期新聞発行が可能となってきた。リシュリューは一六三一年、「ガゼット（政府新聞＝官報）」を発刊する。もちろんその内容はフランス王政府に都合のよい「大本営発表」のようなものだが、その威力は凄まじいものがあった。

しかし面白いことに、フランス、イギリスの新聞発行地がそれぞれパリ、ロンドンに集中しているのに比べ、三十年戦争で四分五裂し政治的中心を失ったドイツの新聞発行地は多くの商業中心都市に散らばっていった。新聞発行地の七〇パーセントがアムステルダムとミュンヘンの間にあったが、これは中央ヨーロッパの主要郵便局の配置とぴたりと重なっている。これは新聞と郵便の切っても切れない関係を物語っている。

たとえば、十七世紀後半、ハンブルクがドイツの新聞発行センターになったのは、同市がタクシス家の帝国郵便をはじめとして、多くの国の郵便局を設置することを認めていたからでもあったのだ。

かつては年に数回しか、しかも旅人や飛脚という特別な人を通してしか得られなかった外部の情報が、毎週の手紙によって得られるようになる。この情報の往来と定期性が新聞発行を促した。だからこそ、タクシス家の帝国郵便によりヨーロッパでいち早く巨大な郵便ネットワークを形成したドイツが、定期新聞発展の優位性を確立したのは当然であった。

こうして十七世紀いっぱいにかけて、ドイツでは約二〇〇の新聞と六〇の印刷所が出来上がる。読者は二〇万から二五万に上った。当時の識字率が二〇〜二五パーセントといわれているなかでのこの数字だから、当然、新聞はすべての印刷物で群を抜いてのトップに立った。十七世紀ドイツは「世論」が形成されていたのである。

こうした状況のなかで、帝国郵便は新聞の発行独占権をあまり声高《こわだか》には主張しなかった。

その代わり、新聞の輸送と小売の独占はしっかりと握っていた。新聞発行者もこの点に関しては郵便に依存するしかなかったからである。郵便局が新聞定期購読者の注文を引き受けてそのマージンを取るという新聞販売制度は、帝国郵便に莫大な収入をもたらすことになる。そのうえ、新聞発送と小売に携わることは当然のことながら、帝国郵便による新聞検閲を伴うことになった。いわば一石二鳥である。帝国郵便は、皇帝政府の新聞検閲の欠かすことのできない補助機関としても機能したのである。

国家と癒着した郵便は、新聞の発送、販売網を握ることで新聞検閲網を敷き、間接的に新聞を支配し、それを国家に提供した。ヨーロッパはいよいよもって国家独占という近代の道をひた走り、十八世紀を迎えることになる。

第七章　「手紙の世紀」と郵便馬車

ハプスブルク普遍主義の看板が降ろされた

ここに一枚の銅版画がある。十七世紀後半のものだ。史家トーマス・ヴィンケルバウアーの解説を引いてみよう。

胸に帝国鷲紋章をつけた帝国郵便の騎馬配達人が一六四八年一〇月二五日、郵便ホルンを吹きながら、できたばかりのミュンスター帝国郵便局を後にした。郵便局の建物は画面左側に見え、双頭の鷲の紋章でそれと知れる。騎馬配達人は和平条約締結というセンセーショナルな知らせを携えている。配達人の背後の馬の背には郵便行嚢《こうのう》がくりつけられている。かれは壊され、廃棄された無数の武器の上を馬で疾走している。双頭の鷲紋章がついたトロンボーンを吹く噂の神ファマと、「平和」と上書きされた手紙を手にする神々の使いメルキュールが上空で配達人を見守っている。メルキュールは商売の神様だ。商業が再び栄える希望がここには込められている。画面右下には喜ばしき知らせをウィーン、パリ、ストックホルムに運ぶ一艘《いっそう》の帆船が水面を走っている。

1648年10月25日、ホルンを鳴らし三十年戦争終結を告げる郵便配達人

（『等族の自由と君主の権力』）

いうまでもなくここでいう和平条約とは、ドイツ三十年戦争を終結させたウエストファリア条約のことである。

三十年戦争は終盤近くでは泥沼に陥り、目的も意義も出口もなにもかも見えてこず、ただただ戦争のための戦争となり、慣性の法則でだらだらと続くだけであった。最初は情報入手のために、戦争という悪条件のなかでかえって増殖された郵便網も、この頃になると機能しなくなってきた。長引く戦争で軍の規律は地に堕ち、郵便配達人が兵士に襲われ、郵便物を奪われるのが日常茶飯事となってきた。

そしてようやく厭戦《えんせん》気分が充満し、和平の機運が訪れた。しかしこの未曾有《みぞう》の国際戦争を終結させるためには、国際会議が必要であり、気の遠くなるような時間がかかる。こうして現在のドイツのノルトライン・ヴェストファーレン（ウエストファリア）州のミュンスターとニーダーザクセン州のオスナブリュックにヨーロッパ初の国際会議が招集される。この国際会議にはイギリス、ロシア、ポーランドを除く全ヨーロッパ諸国が参加した。ドイツの諸侯国を主権を持った国家と数えると、参加国総数は六六ヵ国にのぼり、参加人員は一四八人に膨れ上がった。会議は代表者の席次を決めるのに約半年かかるといった体たらくで、結局は延々五年近く続くことになる。

会議に送り込まれた各国使節は、全権代表というわけにはいかない。いちいち本国に訓令を仰がなければならない。すると郵便網が復活する。まずはミュンスターとオスナブリュックの間を騎馬配達人が頻繁に行き来する。もちろんこれだけでは足りない。皇帝フェルディナント三世は帝国郵便のタクシス家に新たな郵便コースの設置を命じた。一六四五年、ミュンスター—フランクフルト—ニュルンベルク—リンツに至る新しい郵便コースができる。リンツからウィーンまではオーストリアの領邦郵便が連結する。そして翌四六年には、ミュンスターから直接ブリュッセルに至るコースも新設された。

ところでウエストファリア条約は、ヨーロッパに一時の平和を与えただけではない。これまでヨーロッパは一つの正義がすべてを律すべしという普遍主義に覆われていた。たとえばここにパイがある。それをカトリック普遍主義とプロテスタント普遍主義がいずれも総取りしようと死闘を繰り返してきた。世界を一色に塗りつぶそうというわけである。

三十年戦争はその愚をヨーロッパに悟らせた。ヨーロッパはこの悲惨な戦争を通じて分配という概念を再発見した。総取り戦より分配システムを構築したほうが、はるかにコストが安くつくことに気がついたのである。ハプスブルク家も、ヨーロッパの政治的な世界「帝国」化の試みがいかに高くつくかということを、嫌というほど知らされた。ハプスブルク家は、ハプスブルク普遍主義の看板を降ろした。

つまり、ヨーロッパは多数の正義・秩序の併存を認め、限られたパイの分配システムを開花させたのだ。これがいわゆるウエストファリア・システムである。そうなると戦争もさまざまな普遍主義のドグマから逃れ、国家と国家の戦争に限定されていく。これまでの殲滅《せんめつ》戦が限定戦に変質する。国家間のパワー・ゲームが始まり、ヨーロッパ世界「帝国」の代わりに「ヨーロッパ世界」経済システムが文字どおり全世界へと拡大していくのだ。

十八世紀、十九世紀とヨーロッパが世界に拡大し、ヨーロッパ中心主義が生まれた。
このウエストファリア・システムは、郵便政策にも反映された。ウエストファリア条約締結をきっかけに、郵便は再び黄金時代を迎えた。それは、カール五世治世の第一期黄金時代を質、量ともにはるかに凌駕するものであった。

郵便組織の整備――十八世紀は「手紙の世紀」となった

さて、ときは十八世紀に入っていく。
「この世で郵便ほど便利な制度はない。これを考えついた人は不滅の名前を得るにふさわしい」（アブラハム・ザンタ・クララ）
アブラハム（一六四四―一七〇九）はドイツの修道士でウィーンの宮廷説教師を務めていた。シラーの戯曲『ヴァレンシュタイン』に出てくるカプチン会修道士のモデルといわれている。
「郵便制度という新しい改革は美しい発明以上のものを意味している。つまり、それは一人一人にとっても気持ちのよい発明であり、すべての文化的生活の革命化である」（マリ

ー・ド・セヴィニェ）

セヴィニェ（一六二六―九六）はフランスの女流書簡文学者として名高い。

「郵便制度はタクシス家による発明であることは間違いない。そしてこれは驚くべき成果をもたらし、世界を多くの点でほとんど別のモデルに鋳直した発明であった」（ヨハン・ヤーコブ・モーザー）

モーザー（一七〇一―八五）は実証主義の立場で、当時のドイツの現行国法に完全な説明を与えた最初の法学者、とさる人名辞典は書いている。かれはさらに近代郵便制度は空間と時間の座標軸を移動させたものであり、それはコロンブスの新大陸発見に匹敵する大事業であったとまで言い切っている。

かれらの言葉からわかるように、十八世紀はしばしば「手紙の世紀」といわれた。それどころか「手紙過剰の時代」とまでいう史家がいる。

たとえばロマン主義の理論的支柱であるアウグスト・W・フォン・シュレーゲルと結婚したが、哲学者シェリングとの恋に落ち、かれのもとに走ったロマン派の才女カロリーネ・シュレーゲルは「一ダースの手紙を送るとき、狂ったように手紙を書くときの陶酔」

「手紙の世紀」といわれた18世紀の帝国郵便配達人

について得々と書いている。

人々は郵便集配日には手紙の束を結び、その束が薄っぺらだと大いに嘆く。人々の手紙熱はマニアックになっていった。

詩人のクロップシュトックは、友人のシュトルベルク伯爵の手紙オタクぶりについて、「かれが宿について最初に叫ぶのは『ペンとインク！』である。家でも旅の途中でもどこでも手紙を書く」と報告している。

折り返しの便で返事を書く「往復書簡」がはやる。シュトルム・ウント・ドラング時代（疾風怒濤《どとう》時代）、友情あふれる往復書簡を休みなく続けることは、「神聖な義務」とみなされた。少なくとも二週間に一度は、友人に手紙を書かなければならないのである。手紙の書き手は郵便集配日をしっかりと記憶にとどめ、それに合わせて書き物机に向かい、その日は急いで郵便局に駆けつけた。

レッシング、シラー、ゲーテら文豪たちも郵便集配日に合わせて手紙を書いた。「タクシス郵便の徹底的な速さ、封印のしっかりしていること、お手ごろの料金」、これだから人は手紙を書きたくなる、とゲーテはいっている。ちなみにフランクフルトのゲーテの実家の隣は、タクシス家の豪壮な邸宅が建っていた。

つまり十八世紀になると、ヨーロッパでは郵便組織が整備されていることが文化のメルクマールとなっていったのである。それにはヨーロッパの急激な人口増加が関係している。ある統計によれば、ヨーロッパの総人口は一六〇〇年が九五〇〇万、それが一七〇〇年になると一億三〇〇〇万に増え、十八世紀末で一億八八〇〇万となったという。約二〇〇年間で倍になった計算である。そしてその増加分の大半が都市住民であり、郵便の利用者の大半はこの都市住民であった。かれらが整備された郵便網を利用して、せっせと手紙を書いたというわけである。

まさしく十八世紀は「手紙の世紀」となった。

タクシス家の帝国郵便に伍《ご》する国営プロイセン郵便

この「手紙の世紀」を、カルムスは「郵便契約の世紀でもあった」という。

まず、郵便は確実に儲かる商売となったのである。ドイツでいうと、第五章で述べたように、十六世紀末の皇帝ルドルフ二世による郵便改革の目玉であった郵便事業の独立採算化計画は、肝心の皇帝政府の及び腰で失敗した。郵便は相変わらず国家の助成金をあてにし、しかもそれがしばしば滞るという悪循環に陥っていた。

ところが十七世紀後半になると事情は一変する。助成金をもらうどころか、逆に上納金を国庫に納めるようになったのである。

「手紙の世紀」は、郵便に莫大な利益をもたらすようになった。たとえばスペイン継承戦争の際にネーデルラントのブリュッセルを占領したフランス軍の占領官は、スペイン―ネーデルラント間の郵便事業の利益を一四万グルデンと見積もり、そのうちブリュッセルとアントワープの郵便局だけで四万四〇〇〇グルデンの利益を上げていると指摘した。

だからこそ、一七〇一年にこの戦争でネーデルラントの郵便事業独占権を失ったタクシス家は、一七〇九年、郵便事業再建のためにハプスブルク家の皇帝政府に三〇万グルデン支払ったのである。そして一七二四年、タクシス家はようやくネーデルラントの郵便事業独占権を奪回した。このときの賃借料契約期間は二五年で、更新のたびに賃借料が跳ね上がった。それでも数年の赤字を経て、すぐに黒字に転じ、一七八〇年代には一五万グルデンの利益をはじき出している。

タクシス家の帝国郵便だけではない。ドイツ諸侯国の領邦郵便もまた隆盛をみることになる。とりわけブランデンブルク領邦郵便は、帝国郵便に伍する勢いをみせた。ブランデンブルク選帝侯国は三十年戦争を巧みに泳ぎ切り、戦後、にわかに国力を増し、やがて念願の帝国内の王国に昇格した。プロイセン王国である。一七〇一年のことだ。

初代プロイセン王フリードリッヒ一世は枢密院の会議で「郵便は商業の発展には是非必要なものであり、国家マシーンのすべての潤滑油のようなものである。これは徴税システムにも大いに役立つ」と発言している。

プロイセンの郵便政策は、その前身のブランデンブルク選帝侯国時代から他に抜きん出ていた。初代プロイセン王の父であるブランデンブルク選帝侯フリードリッヒ・ヴィルへルムは「大選帝侯」と称された傑物であった。「大選帝侯」の郵便政策は郵便の国営化にあった。

領邦郵便は、その設置形態により次の三つに大別できる。

すなわち、ある一族に世襲封土の形で郵便営業独占権を与える。オーストリア領邦郵便のパール家がこれにあたる。また帝国郵便のタクシス家もこれにあたるといってよいだろう。ザクセン領邦郵便をはじめとして多くの領邦郵便がこの形式を採った。

次に複数の事業家に郵便営業権を賃貸し、請け負わせるシステムである。フランスの郵便制度は革命までこの制度であった。

次に、純粋な国営である。大選帝侯は、一六四九年にはすでにブランデンブルク郵便の国営化を断行した。これにより、タクシス家の帝国郵便がドイツ北東部に進出することを防いだのだ。領内での郵便事業独占を果たした後、ブランデンブルク郵便は徐々に領外に進出し、一七一〇年、プロイセン郵便となって一〇〇の路線と一一〇の郵便局を備えるようになる。一七八六年には六〇万ターラーの純益を上げるようになった。一八一五年のウィーン会議の頃には、プロイセン国営郵便はドイツ最大の規模にまで発展していたのである。

十八世紀になるとヨーロッパ各国は重商主義政策を採る。交通の簡便化と強化、国内関税障壁の撤廃、よりスムーズな物資輸送のための道路、運河、海運の強化、そして濃密な郵便制度の構築。そのために古臭くなった封建的障害の撤廃が必要であった。それが郵便でいえば民間に委託された郵便事業（郵便封土）の撤廃と国営化であった。ブランデンブルク選帝侯国はその先鞭をつけたのだ。

そしてブランデンブルク郵便、後のプロイセン郵便は、郵便網拡張のために「郵便契約」の路線を走る。

郵便契約でドイツの郵便網は統一された

郵便事業の最大の支出は、いうまでもなく輸送費用である。そこで例の「二点間の最短距離は直線」という、徹底した効率を求める軍事理論の援用が叫ばれるようになってきた。つまり郵便コースの迂回をできるだけ避けて、輸送コストの削減を図ろうというのである。

ドイツは領邦国家体制である。そしてウエストファリア条約により、三百有余の領邦国家はそれぞれの国家主権を与えられた。とはすなわち三百有余の「国境」が出来上がったことになる。最短コースを通ることで輸送コストの削減を図る郵便事業の使命は、この「国境」を克服することにあった。つまり、通信ネットワークが全世界をボーダーレス化した現在の状況は、この「国境」克服事業にさかのぼることができるかもしれない。

ブランデンブルク郵便は積極的に「国境」克服に乗り出した。まず、ザクセン選帝侯国に狙いを定める。ザクセンは西ヨーロッパから東ヨーロッパへの郵便の通過点という地の利があった。だが、ザクセン政府は当初は郵便政策に消極的であった。それゆえ、ベルリンとライプツィッヒを結ぶブランデンブルク郵便のコースの設置を認めてしまう。郵便が儲かる商売で莫大な国庫収入をもたらすことに遅ればせながら気づいたザクセンは、ブランデンブルク郵便になんとか対抗しようとしたが後の祭りであった。結局ザクセンはブランデンブルクの軍門に下る。

またブランデンブルクは一六八〇年、オーストリアとも郵便契約を結んだ。ベルリン―ウィーン間の郵便コースが設置された。

そしてブランデンブルクは、タクシス家の帝国郵便との「郵便戦争」と称された熾烈な争いを、徐々に共存体制へと持っていくことに作戦変更した。すでに、北ドイツには強力な郵便網を敷いている。これで帝国郵便とブランデンブルク郵便との縄張りが確定したようなものである。それならば、その住み分けのなかで互いに郵便契約を結べば、ドイツのなかでグロテスクなほどたくさんありすぎる「国境」はあって無きが如《ごと》しとなる。一六九〇年、帝国郵便とブランデンブルク郵便は郵便契約を結んだ。

ちょうどその頃、一六九七年、ザクセン選帝侯アウグスト強健侯がポーランド王に選出された。ポーランドの目下の敵はスウェーデンである。強健侯はブランデンブルクとの接近を図る必要性に迫られた。こうしてブランデンブルク主導で、ブランデンブルクおよびザクセン、ポーランドの郵便契約が結ばれた。ブランデンブルク郵便はブランデンブルク選帝侯国とザクセン選帝侯国、ポーランド王国の「国境」を克服したのだ。

これでドイツは郵便網によって統一されたようなものになった。

郵便契約によるヨーロッパ大陸横断郵便コースの形成

郵便契約はヨーロッパ各国に広がった。

たとえばフランスとスイスが郵便契約を結ぶ。両国は互いに自国郵便で相手国の郵便を輸送する。そしてフランスはスイスにあった自国郵便のコースと郵便局を放棄し、その代わりにフランスを通過するスイス郵便から「通過料金」を徴収する。

ヨーロッパ各国は重商主義政策によって、輸出を奨励し、貿易を重視するようになる。そのために国際商取引郵便量が級数的に伸びていく。このように大量の外国郵便が通過することで、莫大な「通過料」収入が上がることになった。

さらに、自国の領内を通過する外国郵便に、自国の郵便を用いることは、その外国郵便を監視し、密かに覗くことができることを意味する。もちろん各国はさまざまな対抗手段を講じた。しかしそうしたデメリットはあっても各国間の郵便契約は、経済的に計り知れないメリットをもたらした。ヨーロッパ各国間で、続々と郵便契約が結ばれたのだ。

もちろん、各国がすんなりと協調姿勢を採ったのではない。イギリス郵便とイタリア郵便を結ぶには、その間にあるドイツとフランスが激しく鎬《しのぎ》を削ることになる。そしてそのドイツが、タクシス家の帝国郵便とプロイセン郵便をはじめとする領邦郵便と郵便契約合戦を繰り広げている。

ハプスブルク家の本拠地オーストリアの領邦郵便も、郵便契約のメリットを狙う。オーストリアは、東ヨーロッパとその東ヨーロッパにあるトルコの領土への出口にあたる。十九世紀になって蒸気船が登場するまでは陸路郵便のほうがはるかに早かったので、トルコとの郵便はオーストリア郵便を使うしかない。オーストリア郵便は通過料金を吊り上げることができた。

ドイツについては後述するが、その他のフランス、イギリスをはじめとした各国は郵便の統一を進めた。しかし商取引郵便の大口であるオランダは、アムステルダム、ハーグ、ロッテルダムと主要都市が自前の郵便制度を持ち、統一の気運がない。ヨーロッパ各国は、オランダ郵便コースを使用するには、そのつどこれらの主要都市と契約を結ばねばならなかった。

このように事は複雑で、郵便契約も簡単にはまとまらない。それでも郵便契約により東西南北の大陸横断郵便コースは徐々に形成されていった。これらの郵便コースを利用した国際商取引が活発となる。

もちろんそれに伴い人の往来もまた活発となる。十七世紀半ばに登場した郵便馬車が、人と物資の輸送を加速させていくことになる。

げに恐ろしきドイツ郵便馬車の実態とは？

ある百科事典によれば、中世、王侯たちの巡行は一日にだいたい二〇～三〇キロの旅程であったという。十字軍はそれより遅く一五～二五キロ。そして近世に入って馬車での旅は一日、四〇～四五キロが標準であった。

ところが一七六五年、ゲーテは生地フランクフルトからライプツィッヒまでの三六五キロの行程を三泊四日でこなしている。一日、約九〇キロの勘定となる。

一八〇〇年、ハインリヒ・フォン・クライストはライプツィッヒからヴュルツブルクに向かう途中、「信じられないでしょうが、今日、私たちは五時間半で四マイルも進みました」と旅先から手紙を書いている。ドイツマイルは七五〇〇メートルなので三〇キロである。クライストが「鳥のように進んだ」のが午前中の走行で、午後もそれくらいだと一日で六〇～七〇キロである。

してみるとゲーテの一日九〇キロは当時としては相当速いスピードとなる。フランクフルトとライプツィッヒはドイツ東西を代表する商都で、共に大見本市が有名であった。両都市間にはドイツの幹線道路が敷かれ、道が比較的整備されていたので、このスピードが確保できたのだろう（坂井栄八郎『ドイツ歴史の旅』参照）。

ゲーテはそのライプツィッヒまでの旅の模様を、こんな風に書いている。


降りつづく雨のために道は極端に悪くなっていた。全体に道路はまだ、のちに見られるようないい状態にはなっていなかった。そのためわれわれの旅は愉快な楽しいものではなかった。（中略）テューリンゲンを通りすぎる頃から道はいっそう悪くなった。そしてわれわれの馬車は、日の暮れはじめるころ、アウアーシュテットの近くで動けなくなった。

（山崎章甫他訳『詩と真実』）


比較的整備されているはずの大幹線道路ですら、テューリンゲンを過ぎる頃、すなわち北ドイツに入ると道は名うての悪路となる。

ゲーテの旅から約半世紀前のヨハン・セバスチャン・バッハの旅はこの悪路を利用した。バッハはしばしばプロイセンを訪れている。一七四七年、かれはフリードリッヒ大王の招きでベルリンからポツダムに向かっている。この王宮と首都を結ぶプロイセン王国最重要路でさえ、舗装されたのは大王亡き後の一七九一年から九三年にかけてのことである。

詩人ティークはその一七九三年、ベルリン―ポツダム間を馬車で行き、「あくびが出て眠くなってしまう。なにしろ目に付くものといえば砂と背の低い松とプロイセンの紋章だけなのだ」と毒づいている。しかしともかくあくびが出るに任せることができたのだからティークはまだ幸せである。さすが舗装の威力かもしれない。

一方バッハは、大王に謁見を賜る旅である。王宮差し回しの二頭立ての立派な馬車が用意されていたのかもしれない。しかしたとえそうだとしても、ティークのようにあくびを嚙みころしている暇はなかったはずである。逆に激しい馬車の揺れに舌を嚙まないよう、絶えず気を配っていなければならなかったに違いない。それほど北ドイツの道路は酷いものであった。それゆえ「こらえ性のないものには北ドイツに旅をさせろ。忍耐というものがどういうものかしみじみとわかるだろう」と、巷間いわれることになる。

確かに中世から近世にかけてのヨーロッパの旅は、悪路、最悪の馬車、追いはぎ、強盗となんでもありの拷問そのものであった。だからこそイギリス人は、旅＝トラベルの語源を、「拷問用具」を意味するラテン語のトレパリウムに求めたのである。

ドイツ語の旅＝ライゼも、もとはといえば軍旅にたつこと、あるいは撤営を意味した。たとえば防人《さきもり》が両親、妻子、恋人と二度と会えぬのではないかという思いを胸に秘し、遠い異郷に旅だつ。そんな哀しい響きがこの語にはつきまとっていた。こうしてドイツ語のライスラウフは「故郷を離れて傭兵になること」の意となる。

治安はともかく、道路が悪すぎた。それに当時の乗り物である馬車がとんでもない代物であった。

もちろん、お薦めの馬車もあった。ゲーテが仕えたワイマール公カール・アウグストの宮廷にハンス・オットカール・ライハルトという人物がいた。かれは十八世紀末にヨーロッパ旅行の手引書を出している。それによると馬車はイギリス製のベルリーナ・タイプの四輪馬車に限るということである。しかしこの手引書は「当時のヨーロッパ貴族階級の共通語であるフランス語で書かれていることからも、どういう読者層を想定していたかは、容易に推測がつく」（本城靖久『グランド・ツアー』）。

ライハルトの読者でない大部分の層が利用した馬車とは、ドイツでは郵便馬車である。

四輪で三頭の馬に引かれている「18世紀の郵便馬車」の風俗画

先に引いたクライストの旅日記によると、詩人は出発の日にのっけから雨にたたられている。詩人は「無蓋の郵便馬車のおかげで不快指数も倍となる」と嘆いている。

フランクフルトの連邦郵便博物館所蔵の風俗画「十八世紀の郵便馬車」は四輪馬車で、三頭の馬に引かれている。車体の長さは引いている馬の一馬身半ぐらいしかない。幅は最前列がラッパを吹いている御者と子供を抱いている婦人が膝突き合わせて座るぐらいしかなく、二列目、三列目、四列目はもっとぎゅうぎゅう詰めの三人掛けとなっている。最後部には荷物が置かれ、その上に一人、危なげに座っている。結局、最前列の膝上の子供を除いて一二人乗りで、もちろん、覆い、幌《ほろ》の類は一切ない。端の客が振り落とされるのを防ぐためかちょっとした肘《ひじ》掛けが申し訳程度にあるくらいである。おまけに、道には猛然と砂埃《すなぼこり》が立っている。これが郵便馬車の実態である。

北ドイツのゲッティンゲンを中心にゲーテとほぼ同時代を生きた、リヒテンベルクという曲者がいた。この物理学者兼著述家が近代文化史に残した最大の功績は、ノート一五冊に人知れず書き溜めた『控え帖』である。その曲者は書いている。

郵便馬車（タクシス家のそれ）は赤く塗られていたが、これは苦痛と責め苦の色である。天井はロウ引きの亜麻布で覆われているが、これはだれでもそう思うように旅人を太陽や雨から守るためではなく（というのは、旅人の敵は頭の上ではなく、自分の下、つまり道路と車自体なのだ）、ひとが死刑囚の顔を帽子で覆い隠すのと同じ理由によるものである。すなわち、苦痛にゆがむ顔を他人の目にさらさないためである。

（坂井栄八郎、前掲書）

これによると、リヒテンベルクの頃になると少なくとも天井があったことになる。しかしそれがなんの役にも立たない。

それにドイツの場合、郵便馬車の旅に付き物なのは悪路と酷い馬車だけではなかった。あるときゲーテは、道路も馬車もそのうち良くなるさ、とドイツの旅行事情について楽観論を述べた後、しみじみと述懐している。それにしても旅行中、「私の旅行鞄が全部で三十六の国を通るたびに開かれないでも済むように」（エッカーマン、山下肇訳『ゲーテとの対話』下）してほしいものだ、と。

グロテスクな分裂国家ドイツを旅するとき、人々は大小の領邦国家を通過するたびにそのつど、パス・コントロールを受けることを覚悟しなければならなかった。たしかに通信は郵便契約で「国境」を克服できたが、人は「国境」を克服できないでいたのだ。げに恐ろしきはドイツの郵便馬車の旅であった。

スピード、旅の「民主化」、公共性が郵便馬車の人気の理由

しかしフランスはまだましであった。フランスは絶対王政のもと、道路の整備が格段に

進んだ。その幹線道路はヨーロッパ最高と賞賛された。もちろん舗装されたとはいえ、それは石畳で、その上を走行するのは木製の車輪を鉄のベルトで巻いただけの馬車だから、激しい揺れを抑えるのはとても無理であった。だがこれは平板なコンクリートの上をサスペンションのついたゴムタイヤで疾走する現代からみた話で、十八世紀のフランスの馬車の旅が、他国に抜きん出て最高に快適であったことは間違いなかった（宮崎揚弘編『ヨーロッパ世界と旅』参照）。

当時、フランスの馬車の旅の主流は郵便馬車ではなく、王立通運が営業していた乗合馬車であった。王立通運とはルイ一六世の財務長官チュルゴーが民間の旅客業者から営業権を買い取り一七七五年に設立した王立の公社のことである。その後この公社は十九世紀になってディリジャンス（快速馬車）という、三台の馬車を一つにつなぎ合わせた一八人乗りの大型乗合馬車を運行するようになる。そしてこの四〜六頭立ての巨大な四輪馬車は鉄道が出現するまでフランス中産階級の足となる。しかし王立通運設立当初は設立者の名前を採ってチュルゴチーヌと呼ばれる一車室馬車を運行していた。定員は五、六人だが、ちゃんと屋根があり、ドイツの当初の郵便馬車よりはよっぽど見栄えがしたという（鹿島茂

『馬車が買いたい！』参照)。

フランスの郵便馬車が旅客輸送の一翼をなすのはフランス革命のさなか、一七九一年、国民議会が全国の主要街道に小型郵便馬車と大型郵便馬車を配備してからのことである。大型郵便馬車は、四人の客を乗せて旅客業に乗り出した。鹿島茂によるとこの郵便馬車は値段も高く、この乗客になることはそれだけでもステータス・シンボルとなったという。おまけに定員四人というのだから密室性が増し、たとえば不倫旅行などのために貸切りで利用されることが多かったらしい。

しかしだからといって、快適な旅が保証されたわけではない。先にも書いたが道路は舗装されたとはいっても石畳舗装である。馬車の構造は若干の改良がなされたといっても基本的には十六世紀から変化がない。乗客はやはり苦痛を免れられない。それでも人気があった。郵便馬車は予約でいっぱいになる。フランスだけではない。ヨーロッパ各国の乗合馬車はどこでも満席で、席が取れないときには、一日か二日か待たされることになった。

だいたい、ドイツの郵便馬車に関して多くの旅行記がいっせいに不平不満を漏らしているが、これはそれほどこの郵便馬車が利用されたことの裏返しでもあるのだ。

馬車の客は、旅の快適より、なによりスピードを求めた

つまりドイツ、フランス、あるいは他のヨーロッパでも、馬車の客は旅の快適さよりもなによりもまずはスピードを求めたのである。そこで旅客業者はあの手この手でスピードアップを図る。まず、宿駅のいっそうの整備。そして郵便馬車でいえば、旅客の輸送と手紙・小包の輸送を完全に分離する。それまで郵便馬車の客は宿駅で手紙や小包の積み出し、積み入れに長時間待たされていたのだ。それが旅客専用郵便馬車の投入で時間が節約できるようになった。ほかに宿駅での停留時間を縮めるには、食事時間の短縮しかない。すると客のほうから、またぞろ次のような不平がついて口をついてくることになる。

「郵便馬車の旅は優雅な馬術とは無縁なものだ。早朝に出発し、夜も駆け通しで、宿駅でもふさわしい静かな食事の時間もなく、胃がたがたとなる」

ともかく、「速く、速く、速く、昼も夜も一刻も失うことなく飛ぶように速く」と各国の乗合馬車はスピードを競った。そこであるドイツの領邦君主は「郵便馬車は速過ぎて街道沿いの旅館、パン屋、馬具職人、鍛冶屋、ビール醸造家、ワイン酒場に金がちっとも落

ちてこない」と憤激し、領内に郵便馬車が通るのを禁止したぐらいであった。
もちろん郵便馬車が大人気を博したのは、このスピードだけではなかった。

十六世紀後半から急増した自家用馬車は、あくまでもヨーロッパ富裕層の乗り物で、中産階級には高嶺の花であった。そこに料金が一定で、時刻表に則った定期郵便馬車が登場したのである。国籍、言語、身分、宗教、性別、年齢に関係なく手に入れられる予約席もできた。人々は多少の苦痛など物ともせず郵便馬車に群がることになる。つまり旅の「民主化」と公共性こそが郵便馬車の人気の第一の理由であった。

近世初期、ハプスブルク家が世界帝国を志向するなかで成立した近代郵便制度は、前章で述べたようにやがて新聞を作り出した。そしてその新聞は「知」と「権威」を世俗化、平準化させ、「世論」を形成していった。

郵便制度のもう一つの申し子である旅客専用郵便馬車は、ヨーロッパに急増する中産階級の要求を汲み取りながら、十八世紀いっぱいかけて「旅」を世俗化させ、民主化させ、人と物が交流する巨大公共空間を作り出した。

こうして近代郵便はヨーロッパの空間と時間の座標軸を狭めていったのである。

第八章　国庫金原理（郵便大権）の終焉と郵便の大衆化

「信書の秘密」遵守を謳った革命精神はしっかり灯った

ヨーロッパ近代史において、否、世界史においてフランス革命の影響は多岐にわたり、しかも強烈なものであった。それほどこの革命は凄い事件だったのである。

郵便制度も革命に決定的影響を受けた。「信書の秘密」に対する革命政府の真摯《しんし》な態度は、第六章冒頭に紹介したとおりである。

フランス郵便は革命以前にもいくつかの改革がなされた。なにしろ、悪名高き郵便事業賃貸制度による法外な郵便料金の弊害が、経済の円滑を阻害し、中産階級を直撃していたのだ。郵便料金の値下げが行われた。そして、新聞や雑誌などの印刷物郵送料金制度が導入された。これは現在の我が国でも行われている、印刷物を入れた封筒の一部を開封し、料金を安くするというシステムである。ちなみに手紙の封筒が登場するのは十九世紀で、十八世紀まで手紙の形状は、折り手紙が主流であった。さすがに巻き手紙はこの頃になると、ヨーロッパでは姿を消していた。

そしてフランス革命だ。

一七九〇年、郵便の再編がなされ、手紙輸送、郵便局、郵便馬車の統一がなされ、郵便監督官の管轄下に入り、郵便局員は「信書の秘密」遵守を誓約しなければならなくなった。

そして革命政府がメートル法を採用したのは、一七九三年のことである。この度量衡の統一により郵便業務全般の均一化がなされた。キーワードは簡素化と明確化であった。中央から末端の郵便局まで、統一した仕様で業務が行われ、郵便局の道具までこの原則が貫かれ、郵便スタンプも統一された。

しかしカルムスによれば、革命政府の郵便行政でなによりも革命的であったのは、これまでの硬直した郵便大権（収益特権）、すなわち国庫金原理からの明確な脱皮であった。すなわち革命政府は、郵便事業を重要な国庫収入源としてではなく、万人に提供されるサービス行政とみなしたのである。料金を恣意的に設定するといった賃貸請負業者の封建的特権を廃止し、国民福祉の目的で国家の郵便事業独占を目指したのである。

だが、革命政府は発足当初から深刻な財政危機に直面していた。郵便事業収入を政府の理想どおりに改定すれば、政府そのものが崩壊してしまうのは火を見るより明らかであった。結局、背に腹はかえられず、賃貸制度は国家財政に欠かせぬものとして残ってしまった。「信書の秘密」の理想も先述したようにナポレオンの登場により打ち砕かれてしまった。しかし郵便事業を国民福祉を目的としたサービス行政とみなした革命精神は、しっかりと灯ったのである。

ところが、フランス以外のヨーロッパ大陸諸国は、このフランスの郵便改革からなにも学ぼうとはしなかった。それどころかフランス革命への警戒心が先に立ち、各国郵便の「秘密業務」、すなわち手紙の検閲はいっそう酷くなり、郵便事業収入をフランス革命干渉戦争の戦費に繰り入れるほどであった。そんななか、イギリスは独自の郵便改革を推し進めていった。

一ペニー料金制度の導入、そして郵便切手の誕生

少し時代は先に進み一八三七年、世界郵便史上、決して名を欠かすことのできない人物が郵便改革を主張するパンフレットを世に送り出した。その名はローランド・ヒルという。ヒルは生徒の自主性を重んじた教育家で知られている人物でもあるが、人名辞典では「ペニー切手の創始者」と紹介されている。この「ペニー切手」は、第五章末尾で紹介した

「ペニー郵便」とは別物である。

さて、ヒルはある日、ロンドン市内で一人の貧しい小間使いの奇妙な行動を目にした。彼女はたった今受け取ったばかりの一通の手紙を、配達人に封を切らずに返そうとしていた。彼女には料金が高すぎて払えないというのだ。この頃の郵便料金は受取人が払っていた。ともあれ、ヒルは気の毒になり、料金を立て替えてあげた。すると小間使いは、自分は手紙を開けずとも差出人の恋人が自分になにを書いてきたかわかるのだ、とヒルに告白した。二人の恋人は手紙の宛名の下に線を引き、それを秘密の暗号としていたのである（ベルノルト『トテトテー！　トテトテー！　郵便がやってきた』参照）。

つまり、小間使いとその恋人は当時の郵便料金後納制を巧みに利用したというわけである。受取人払いは十八世紀までは当たり前のことであった。その十八世紀が「手紙の世紀」といわれたとしてもだれでもが手紙を書くわけではない。「書簡文化」を担ったのはやはり社会的地位の高い人々であった。そうした人々に出す手紙の料金をあらかじめ払っておくのは「受取人に支払い能力がないことを前提としていることになりかねず、礼を逸している」（宮下志朗『パリ歴史探偵術』）と考えられていたのである。しかし今や小間使いといった庶民が手紙による情報を懇望しているのだ。ヒルは郵便改革、郵便の民主化を目指した。こうしてヒルは一八三七年、『郵便局の改革』という著書を世に問うた。

一八三〇年、鉄道による郵便輸送が始まり、三七年、鉄道郵便局が開設された。発明の世紀である十九世紀のこうした技術革新が進んでも、ヒルがその著書で槍玉に挙げた郵便料金は、依然として法外な値段のままであった。特に大陸への郵便料金は異常に高かった。この事態を憂いた、計算機の創始者で有名なケンブリッジ大学教授チャールズ・バベッジは、ときの郵便総裁リッチモンド公爵に「郵便料金を値下げすれば需要は急速に拡大する」と進言した。

しかし料金引き下げに反対したのは郵政当局ではなく大蔵省であった。そこで大衆は郵便事業独占事業体からうまくすり抜ける裏道を考える。郵政当局は私設郵便に対し厳罰をもって対処しようとするが、これはいたちごっこに終わった。

ヒルは「高い料金が郵便収入の増加を阻んでいる。料金は距離に応じてではなく、手紙の枚数によって決めるべきである。距離に関係なく手紙の重さ半オンスで一ペニーにするべきである。操作を簡素化して、配達集配を早くすべきである」と主張した。

タクシス郵便で使用されていた切手類（19世紀）

このヒルの提言に下院が興味を示す。郵政当局と大蔵省はヒルの提案は国家財政を危うくするものだ、と一蹴するが、ヒルは料金値下げで最初は年間三万ポンドの減収となるが、郵便量の増大でこの損失をすぐに埋められる、と反論した。

銀行や企業にとってヒルは経費節減の救世主となった。商人委員会が組織され、一人百ポンドの寄付が寄せられ、「郵便展望」という雑誌ができ、「一ペニー料金」導入のキャンペーンが張られた。世論は沸き立ち、三〇〇以上の請願書が国会に提出された。

一八四〇年、ついに一ペニー料金制度導入が決定される。国内郵便は重さ半オンスまで一律一ペニーの料金、郵便局のないところまでの手紙は二ペンスと決められた。料金は前払いで封筒に前もって一ペニーないしは二ペンスを印刷しておき、この封筒を買うことが料金を前納することになった。ところがこの料金印刷の封筒はまったくの不人気で、そこで従来の封筒に切手を貼る制度が導入された。すなわち郵便切手の誕生である。

さて、郵便改革で郵便取扱い量は飛躍的に伸びるが、郵便事業は赤字となった。その点ではヒルの予想どおりにはいかなかったのだ。郵便改革は国家財政の大きな負担となった。しかし経済活動や人々の日常生活には計り知れない意味をもたらした。もはや後戻りは決してできなかった。イギリス政府は、郵便事業を重要な国庫収入源（郵便大権）とみなす、従来の思想との完全な決別を迫られたのである。ヒルがやがて郵便総裁となり、ナイトに叙されたことに示されるように、イギリスは敢然と郵便の新しい道を選択した。これがヨーロッパ大陸諸国に、フランス革命に勝るとも劣らぬ決定的な影響を与えることになった。

帝国郵便からタクシス郵便へ、そしてドイツの郵便分裂

フランス革命とナポレオンの登場は、結果としてドイツの神聖ローマ帝国を名実ともに消滅させることになった。それは一八〇六年のことだ。帝国が崩壊したのだから帝国郵便も同時に消滅した。もちろんその郵便インフラが、跡形もなくこの世から消えたわけではない。帝国郵便はタクシス郵便と名を変えて純粋な民営郵便となった。

フランス革命、神聖ローマ帝国崩壊、諸国民戦争（対ナポレオン戦争）、ナポレオンの没落、ウィーン会議とわずか三十年たらずの間、ヨーロッパは最激動期を迎えた。

ウィーン会議でドイツは三百有余の領邦国家が整理・淘汰《とうた》されオーストリア、プロイセン、バイエルンなどの三五の君主国と四つの自由都市が参加するドイツ連邦という国家組

織を作り上げた。しかし国家組織というにはあまりにもお粗末で、連邦の国家的統一性はほとんどないに等しかった。

それゆえドイツの郵便も、一七の郵便事業体により分割運営されることになった。そのなかで帝国郵便から衣替えしたタクシス郵便は、オーストリア、プロイセン、バイエルンに次ぐ第四の事業体で、かつ唯一の民営郵便であった。

この民営郵便がドイツ中部のいくつかの君主国にまたがって、一〇六六平方マイルの地域と五〇〇万の住民の郵便事業を独占していること、そしてドイツ第四の営業規模でありながら純益はプロイセンとバイエルンの合計の二倍となっていることへの批判が高まってきた。まず、タクシス家はもとはといえばイタリアから出てきた一族で、帝国郵便総裁職を世襲するようになっても本拠地をネーデルラントに置き続けてきたよそ者ではないかという批判が噴出した。

ウィーン会議で帝国郵便の代わりにドイツ連邦郵便を創設し、その運営をタクシス家に任せるという案が一瞬浮上したが、それはタクシス家への反感により一蹴された。同家を批判する勢力はタクシス郵便が民営であることを槍玉に挙げた。民間のタクシス家だけが儲かっているのはけしからん！　というわけだ。
これに対してタクシス郵便擁護論者である国法学者ヨハン・ルートヴィッヒ・クリューバーは、こう反論する。

郵便が国家により直接運営できるようになるとはとても信じられない。また郵便が民間人によって、手際よく、完全に合理的に運営されてきたことは歴史が証明している。今日の郵便の起源は民間企業にあったのだ。（中略）皇帝直属の地位を剝奪《はくだつ》されたタクシス家は純粋な民間の郵便業者となったのだから、手紙検閲にはもはやなんら関心を持っていない。むしろ他の郵便事業体よりもはるかにリベラルである。タクシス郵便の料金は、たとえば国家財政に組み込まれているプロイセン郵便よりはお手頃であり、利用者サービスも良好である。したがって国家的施設の運営は利用者および国家のためにも民間企業にゆだねるべきである。タクシス家は数百年にわたってノウハウを蓄積し、郵便事業に貢献してきた。それゆえ、タクシス家こそが全ドイツの郵便施設を統括するべきである。

（『ドイツの郵便制度』）

確かに、合理的な中央管理により、経費削減を図り郵便料金を引き下げ、配達の迅速化と安全性を確保できたのは、豊富なノウハウを培ってきた民営のタクシス郵便しかなかった。だからこそタクシス郵便は、プロイセン郵便をはじめとする他の君主国郵便をはるかに抜きん出た純益を上げることができたのである。

しかしそれよりもなによりも人々が悲鳴をあげたのは、ドイツの郵便分裂であった。これはドイツの経済発展を阻害する、とんでもないアナクロニズムであった。クリューバーは鋭く批判する。「一八〇六年以前ならば、たとえばニュルンベルクからハンブルクまでの手紙料金は、一八一一年に通過料金のために跳ね上がった料金の三分の一であった。そして郵便への苦情は帝国郵便時代では中央で処理されたものだ。ところが今日では多くの郵便局のいずれもが苦情処理の権限がないといい、失われた手紙の捜索に莫大な費用がかかってしまう。諸邦の国庫は郵便料金での収入増加を図り、そのおかげで通過料金が高く吹っかけられ郵便料金が跳ね上がる。今の郵便は帝国郵便時代に比べ不確かで遅く高くつく」（クリューバー、前掲書）。

つまり、タクシス郵便以外の一六の郵便事業体は、いずれも諸邦の国営郵便で、国家財政の重要な収入源であった。郵便事業を重要な国庫収入源（郵便大権）とみなす、従来の国家理性にしがみつく諸邦の郵便政策により、ドイツの郵便分裂は固定したままとなり、住民は多大な不便を強いられる。

一八五〇年、ドイツの郵便統一なる

しかしドイツでも一八四〇年代になるとさすがに市民が黙ってはいなくなり、郵便の統一が声高に叫ばれてくる。イギリスの郵便改革とそれに伴う郵便の民主化の風も盛んに吹いてくる。

ドイツの輸送学、コミュニケーション学の創始者であるヨハン・フォン・ヘルフェルトは「世界郵便連合」を主張した。この提唱が日の目を見るのはまだ先の話だが、ヘルフェルトは「輸送制度の自由競争は文化、産業、商業、ひいては国家繁栄の促進のための絶対的条件である。郵便事業には世界市民のセンスが必要である。郵便サービスは同国人だけではなく、他の国の人々、世界のあらゆる住民になされるべきである」（『輸送学』）と主張した。そのためには郵便の統一料金、郵便物の大きさの規格化、郵便ポストの設置、各戸への配達制度が必須アイテムとなる。

郵便が新聞を作っていた時代、郵便局は間違いなく情報の中継基地であった。郵便局にはひっきりなしに人が集まる。なぜか？　郵便を出しに、郵便を取りにくるためである。当時の郵便はいわゆる「局留め便」しかなかったのだ。人々は期待に胸躍らせながら郵便局に手紙を受け取りにくる、そして出しにくる。だからこそ郵便局は情報の中継基地となった。これは、よく考えてみれば現在のEメールの祖型ともいえるかもしれない。なぜなら「電子メールというのも、プロバイダーのところに届いていて、それをインターネット経由で受け取りにいくシステム」（宮下志朗、前掲書）だからである。しかし、この「超アナログ時代のメール」（同）である「局留め便」に十八世紀の手紙を書く人々はこよなく愛着を寄せていたのだ。それが証拠に、一七四二年、アウクスブルク中央郵便局が一クロイツァの追加料金を払えば手紙を配達人が家まで届けてくれるサービスを導入しようとしたとき、十八世紀の「書簡文化」の担い手たちはこれに反対したという。

それから約一〇〇年、手紙の民主化は格段に進んだ。今や有閑層だけが手紙を書く時代ではない。郵便ポスト、各戸配達は時代の要請であった。

しかし時代の要請とはなんといっても郵便の統一であった。

鉄道と蒸気船により世界はますます狭くなってきた。そんななかドイツ連邦は、郵便が個々の君主国を通過するたびに相手方郵便に通過料金を支払う。これは、個々の君主国が郵便事業を相変わらず重要な国庫収入源とみなす、旧態依然とした考えから抜け出せないからであった。

ドイツにおいて「国際郵便制度」の統一化を最初に考えたのはオーストリアであった。それまでドイツの「国際郵便」は差出人が国境まで支払い、受取人が自国内の料金を払っていた。料金換算の煩瑣《はんさ》は度し難かった。そこでオーストリアは一八四四年、バーデン、プロイセン、バイエルン、ザクセンと「ドイツ郵便連合」を結んだ。

しかしこのドイツ郵便連合は、プロイセンが盟主となって三四年に結成したドイツ関税同盟への対抗上、オーストリアが盟主となるために結成された連合であり、ドイツ統一をめぐるオーストリア、プロイセンの鍔迫《つばぜ》り合いの産物であった。それゆえ、一八四七年、ドレスデンで一七の郵便事業体が一堂に会した郵便会議も小田原評定でなにも成果を生み出さなかった。

翌四八年、三月革命が勃発する。この革命鎮圧に関してはオーストリアとプロイセンは利害が一致して、それが郵便連合に幸いした。

一八五〇年、すべての郵便が郵便連合を結成しドイツの郵便の統一はなった。そこでドイツの郵便は大きく前進することになる。手紙郵便の料金表の作成。料金は差出人から郵便切手により徴収し、その料金は全額、差出郵便局の収入とする。郵便は迂回せず最短距離で輸送する、等々が決められた。ただし、通過料金制の完全撤廃には至らなかった。

通過料金制の完全撤廃はドイツが統一され、国民福祉の目的で郵便を国家が独占する以外に道はなかったのだ。しかしドイツはいまだに分裂国家である。そしてその統一の道はオーストリアとプロイセンの熾烈な相克を生み出した。それが民営のタクシス郵便を存続させることになる。

一八七五年七月一日、ハプスブルク家の近代郵便が万国郵便連合に結実

一八七一年のプロイセン主導によるドイツ統一のプロセスはここでは触れない。ただ、

近世初期、世界帝国を志向したハプスブルク家のマクシミリアン一世の命を受けて、ヨーロッパに近代郵便制度の礎を築いたタクシス郵便の命運だけはみておこう。

一八四八年の三月革命のとき、タクシス郵便は「フランクフルト中央郵便局新聞」（週刊）の発刊に参加した。プロイセンの連邦議会代表を務めていた後の「鉄血宰相」ビスマルクは、この新聞をオーストリアが議長を務める連邦議会のスポークスマンとみなした。彼はプロイセンに敵対的なこの新聞を攻撃し、新聞の事実上の支配者であるタクシス郵便の弊害検証動議を提出した。これに対してタクシス郵便は反プロイセン・キャンペーンを展開した。これが後にタクシス郵便の命取りとなる。

一八六六年、ドイツとオーストリアがドイツ統一のヘゲモニーを争って激突する（普墺戦争）。これに勝利したプロイセンはオーストリアと同盟していた中級国家ハノーファー、ナッサウ、ヘッセンそれぞれに自由都市フランクフルトを併合した。その際、プロイセンはタクシス郵便のフランクフルト中央郵便局を接収し、局舎の上にプロイセンの旗を翩翻《へんぽん》とはためかせた。万事休すであった。プロイセン主導の北ドイツ連邦が発足し、ドイツ連邦が崩壊した。六七年、タクシス家はすべての郵便営業権、動産、不動産をプロイセンに譲渡する契約を結んだ。

タクシス郵便がこの有様である。他の君主国郵便ではひとたまりもない。北ドイツのほとんどの郵便がプロイセン郵便に併合される。

そして一八七一年、プロイセンによるドイツ統一である。オーストリアはドイツからついに叩き出され、ハプスブルク家抜きのドイツ帝国が誕生した。それに合わせてドイツの郵便組織は「帝国郵便」と名づけられる。それはハプスブルク家もタクシス家も除外された「帝国郵便」であった。

だが、オーストリアが除外されたとはいえ、ともかくドイツという分裂国家がようやく統一されたことは、ヨーロッパにとって、ひいてはアメリカを含む全世界にとって大きな意味を持った。郵便とて同じであった。なにしろドイツは郵便先進国であった。それが「帝国郵便」として、ある意味ではドイツ史上初めての、統一郵便制度を備えたのだ。これが郵便の世界的「民主化」「大衆化」に拍車をかけることになる。

こうして、ハプスブルク家とタクシス家が始めた近代郵便は、一八七五年七月一日、ついに万国郵便連合に結実した。

各国が結んだ郵便契約内容は、料金統一、換算の簡素化、メートル、キログラムの採用などと、五〇年のドイツの郵便統一の際の取り決めとほとんど同じであった。参加国はドイツ、アメリカ、オーストリア、ハンガリー、ベルギー、デンマーク、エジプト、スペイン、フランス、イギリス、ギリシャ、イタリア、ルクセンブルク、モンテネグロ、ノルウェー、オランダ、ポルトガル、ルーマニア、ロシア、セルビア、スウェーデン、スイス、トルコ等々に及び、対象地域の面積は三七〇〇万平方キロ、対象人員は三億五〇〇〇万人を数えた。

さらに、一八六九年一〇月、オーストリアで葉書が導入された。面白いのはこの世界最初の葉書の裏面の下の欄には「郵便当局は伝達内容に関して責任をとりません」と注意書きがしてあることだ。確かに葉書だから「信書の秘密」には責任を負えない。だが、わざわざこうした断り書きを書くということは「信書の秘密」が至極当たり前になったことを示している。

ともあれ、葉書の出現で郵便はますます大衆化した。そして八五年一月一日から、お祝いカードと絵葉書が許可された。これで人々は「自分がどこにいるか、そしてそこがどんな風景なのかについて多くの言葉を費やす必要がなくなったのだ」（ベルノルト、前掲書）。まさしく百聞は一見にしかず、である。人々はこぞって旅先から絵葉書を送るようになった。

こうして郵便は、十九世紀末から二十世紀にかけて「民主化」「大衆化」の極限を突き進んだのである。

終章　郵政民営化の二十一世紀

近代郵便制度は恐ろしいほどの強制力を後世に残したメディア革命であった

かくして十五世紀末から十六世紀にかけて成立した近代郵便制度は、現在に至っている。そして今後その郵便制度がどんな形をとろうとも、近代郵便が掲げた、リレーシステムによる情報伝達の迅速化という基本コンセプトは、我々の日常生活を支配し続けることだろう。その意味で近世初期、ハプスブルク家の世界帝国志向がもたらしたこのメディア革命は、恐ろしいほどの強制力を後世に残したのである。

しかし、ヨーロッパのメディア革命、というと誰しも思い浮かべるのは、十五世紀のグーテンベルクの活版印刷の発明だろう。

今から数年前の西暦二〇〇〇年、一種の数字フェチ動物であるヒトはこのとき「ミレニアム！ ミレニアム！」と大騒ぎを繰り返し、数限りない祝祭を催した。そんななかであるアメリカの社会学者グループが「このミレニアムの人」を選出した。

選ばれたのはグーテンベルクである。適切な人選だと思われる。

グーテンベルクの活版印刷、すなわちグーテンベルク・テクノロジーがその発明から五

17世紀の印刷作業所風景を描いた木版画（ブリッジマン・アートライブラリー蔵）

〇〇年以上にわたって、人間社会に与えた影響は文字どおり計り知れないものがある。まさしく我々は「グーテンベルクの銀河系」（マクルーハン）のなかに生きてきたといっても過言ではない。

しかしマクルーハンがその名著でいっているように、活版印刷の登場が即座に世の中のパラダイムを変換させたわけではない。グーテンベルク・テクノロジーは深く潜行しながら徐々に徐々に我々の意識のなかに浸透していき、気がついてみればいつの間にか我々の思考様式を支配していた。つまり決して鮮やかに過ぎる大変革を一挙に成し遂げたわけではない。

そのせいだろうか、活版印刷登場直後の一〇〇年間、あるいは二〇〇年間、多くの歴史学者、人文学者はこのグーテンベルク・テクノロジーにさほど関心を示さなかった。民衆のレベルでもそれは同じだ。

活版印刷の発明からわずか五〇年間で、全ヨーロッパで二万点の印刷物が製作されたという統計があるが、マクルーハンによれば、活版印刷はその登場直後はもっぱら修道院などに眠っているスコラ哲学などの貴重な古写本を印刷していた。そんなものは活版になったからといって民衆が目を通すわけはない。

グーテンベルク・テクノロジーは当時の民衆にとって目にはさやかに見えぬものであったのだ。

もっとも、一五〇九年から一五一一年の間に出版された『放浪者の書』のドイツ語版が一五二七年にはすでに三二版を重ねた例もある。これはもともとフランス語で書かれたもので、当時、差別の対象であった放浪者の生態を詳しく述べ、もって善良なキリスト教徒に注意を促すという趣旨のものであった(ウーヴェ・ダンカー、藤川芳朗訳『盗賊の社会史』参照)。

ヨーロッパの近代化を根本から促進させた「非物質的遺産」

しかしこうしたいくつかの例外もあるが、当時の識字率の問題と絡み、活版印刷の発明そのものが急激な社会変革を引き起こすことはなかったとみてよいだろう。

それは、書物とは基本的には情報の蓄積メディアであるから、であった。たとえ活版印刷により大量に出回ることになったとしても、書物は情報の蓄積メディアであるがゆえにコミュニケーションには間接的に関与するにすぎない。

たとえば、宗教改革期には多くのビラが印刷・刊行された。そしてこのビラにより宗教改革の思想が民衆の間に浸透していったことは間違いない。ところが当時の民衆はほとんどが「目に一丁字《いってぃじ》を識《し》らず」が実情であった。だいたい、民衆レベルで字が読めるのはせいぜい商人層に限られ、都市の人口の一〇〜三〇パーセントが読み書きできたにすぎない、と推計されている。それではどうしてこれらのビラが猛威を振るうことができたのか？

それはビラに蓄積された情報が、市場や酒場で読み上げられ、伝達されたからである（阿部謹也『ヨーロッパ中世の宇宙観』参照）。

つまりコミュニケーション、すなわち、情報の分布とその内容の通知は、蓄積メディアとは別の伝達メディアによって行われるということだ。そしてその伝達メディアが変革され近代郵便となり、今までの時間と空間の座標軸を動かしたということが、十六世紀ヨーロッパの社会変革であったのだ。

「配置するという動詞から派生したイタリア語のポスタ（郵便）という概念はまず宿駅を固定することで空間を分配することを意味している」（ベーリンガー『トゥルン・ウント・タクシス』）。これによりまず空間が克服され、次に時間が克服され、我々の生活原理に速度概念が入り込んできたというわけである。人々はこの新しいメディアに群がり、そして同時に縛りつけられることになった。

週に一度、ホルンを鳴らしながら郵便配達人がやってくる。その郵便行囊《こうのう》には人々の生活に直接関係する情報が詰まっている。あるいは遠き外国のエキゾチックな文物も混じっているかもしれない。もちろんなかには活版印刷文書も入っていた。十六世紀ヨーロッパの情報流通経路は、郵便が一手独占の状態にあった。民衆は郵便配達人の到着を心待ちにしていたのだ。

やがて郵便馬車が登場する。書信、小包と運送される郵便量が飛躍的に増えてくる。さらには旅人がやってくる。人々は郵便という新しい情報ネットワークにより世界が狭くなるのを感じた。それは「新しい空間構造の出現」であった。

だからこそ十八世紀の国際法学者ヨハン・ヤーコブ・モーザーは、近代郵便制度とは空間と時間の座標軸を移動させたものであり、それはコロンブスの新大陸発見に匹敵する大事業だと指摘した。

これを受けてベーリンガーは次のようにいう。

　後に陸続と現れる鉄道、高速道路網、空路網、電話、ラジオ、テレビ、ケーブルネット、インターネットというメディアは、構造的にその組織的細部に至るまで、この郵便という近代初期メディアにさかのぼることができる。近代初期の、このコミュニケーション制度の「非物質的遺産」がヨーロッパの時間・空間的概念に対し決定的な影響を与え、ヨーロッパ文化の近代化を根本から促進させた。そしてこの近代化は、グローバリゼーションの波に乗って、あらゆる文明諸国に取り入れられたのだ。その意味で、かりに近代郵便制度の発明者をフランツ・フォン・タクシスだとすると、我々は「タクシスの銀河系」に生きてきたのだ。　（ベーリンガー『メルキュールの標のもとに』）

二十一世紀の途轍《とてつ》もないグローバリゼーションのなかで

そうだとすればタクシス家は凄いことをやってのけたことになる。そのタクシス家の末《まつ》裔《えい》はどうなったのだろうか？　一九九〇年一二月一五日のある新聞記事がそのことを伝えている。

世界的に有名なドイツの富豪で貴族のヨハネス・フォン・トゥルン・ウント・タクシス侯が一四日、ミュンヘン市内の病院で二回目の心臓移植手術を受けたあと、死去した。六四歳。ヨハネス侯は、五〇〇年前にドイツの郵便事業を創設した同家の九代目当主で、遺産は数十億マルク（一マルク＝約九〇円）にのぼると推定される。全財産は家訓に従い、十代目当主として跡を継ぐわずか七歳のアルベルト君が相続する。

ヨハネス侯は、個人としては欧州随一の森林所有者として知られるほか、ビールメーカー、銀行、不動産会社など世界に約五〇の企業を所有している。ドイツの国内に所有している地所は約三万二〇〇〇ヘクタール、海外には七万ヘクタールを持つ。同家の居住しているレーゲンスブルク近郊のエメラム城は五〇〇室あり、英バッキンガム宮殿の規模をしのいでいる。

タクシス家は、一八六七年にプロイセンに郵便事業を丸ごと接収されたときの賠償金を手堅くそして手広く投資をし、これだけの財を築いたというわけである。

一方、国庫金原理(郵便大権)の誘惑を断ち切って、郵便事業を国民福祉の住民サービスとして運営すべく国営化してきた世界の多くの国々は、二十世紀末から二十一世紀にかけて、郵便の民営化を進めている。

オーストリアもまたその一つである。そんななか、二〇〇四年一一月、タクシス家に近代郵便制度の創設を命じた、かつてのハプスブルク家の千年王城の都ウィーンに少なからぬ激震が走った。オーストリア郵便株式会社の幹部が緊急記者会見を開き、ウィーン市の非採算郵便局、五三局を逐次、閉鎖すると発表した。すると翌日、ウィーン郊外の個人食料品店を、軒並み閉店に追い込んだ大型スーパーマーケット・チェーン店数社が、郵便事業の肩代わりを申し出たのである。なにかどこかで聞いたような話である。

これは十六世紀の第一期グローバリゼーションの波に乗り発展してきた郵便が、昨今の凄まじい、途轍もないグローバリゼーションに逆に呑み込まれてしまったということなのだろうか?

あとがき

二〇〇四年の九月一日から翌五年の三月末までの約七ヵ月、夫婦二人でウィーンに暮らした。

そのとき思ったのは、ウィーンでは投函した手紙や葉書が「宛先不明」で戻ってくることは絶対にありえないということである。

ヨーロッパは鍵社会だから、我々夫婦が借りていたアパートにも入り口に鍵がついていて、住人以外は勝手に入れない仕組みになっていた。おかげでセールスマンの応対に悩まされることはまったくなかった。プライバシーはこんな風に保障されているのだ。

ところが、である。郵便配達人は受け持ち地域のすべてのアパートの入り口の鍵のマスターキーを持っていて、いつなんどきでも堂々とアパートの中に入ってこれるのだ。考えてみれば、これは莫大な特権を握っているようなものである。だからこそウィーンの郵便配達人はアパートの住人のプライバシーを侵さないように、自分が配達する郵便の宛名を決して見ないのである。彼らが見るのはひたすら所、番地だけである。所、番地があれば宛名に関係なくなんでもかんでも郵便受けに突っ込んでいく。そのため、郵便受けには我々の前の住人宛の請求書やダイレクトメール、あるいは二代前の住人への招待状などが放り込まれ、外国生活の割には郵便受けがいつも満杯となった。

まったくオーストリアの郵便事情はどうなっているのか？　オーストリアの郵便事業はすでに民営化されていた。しかし多くの人に言わせると郵便配達のこの体たらくは別に民営化の所為ではなく、ずっと前からそうだったらしい。いわゆるオーストリア風だらしなさといったところである。

さて、そんなとき、ウィーン大学オーストリア史研究所のトーマス・ヴィンケルバウアー教授からオーストリア学士院主催の国際シンポジウム（『近世初期の皇帝、宮廷と帝国』）の招待状が郵便で届いた。二〇〇四年一二月四日には教授自身も『ハプスブルク君主国における郵便制度と国家形成』と題する講演を行うというので、拝聴に出かけた。

それからである。豁然《かつぜん》と郵便熱に取り憑かれてしまった。それまで近所の二、三人のウィーン人にお前は年金生活者かと聞かれるほど、のんびりと過ごしていたのが、一変して、残りの滞在期間の約四ヵ月というもの土日を除く毎日、ウィーン大学図書館と国立図書館に通い、郵便関係の資料集めに精を出すことになった。

そんなわけで、このささやかな著書はヴィンケルバウアー教授抜きでは考えられないのである。ここで教授に厚く御礼申し上げる。

また、この本の出版企画を快く取り上げてくれた集英社翻訳書編集部の清川桂美氏と新書編集部の館孝太郎氏には感謝の念でいっぱいである。多謝。

しかしそれにしてもヨーロッパ近代は面白い。いろんな切り口で近代成立のからくりをみることができる。「人は自由を追い求めて遂に警察国家を作り上げた」と確かドストエフスキーがどこかで書いているが、このパラドックスを追うのも心ときめくものがある。今度は「警察の誕生」でヨーロッパ近代の成立を追ってみようかと思っている。

妻・伸江に。

参考文献

＊本文中の参考文献に、訳者の掲示のないものは邦訳本がありません。

Ein Konversationslexikon von A–Z in 20 Bänden (Wiesbaden 1973)
Zwei Jahrtausende Postwesen: Vom cursus publicus zum Satelliten. Katalog der Ausstellung in Schloß Halbturn (Halbturn 1985)
Wolfgang Behringer, Im Zeichen des Merkur: Reichpost und Kommunikationsrevolution in der Frühen Neuzeit (Göttingen 2003)
Wolfgang Behringer, Thurn und Taxis: Die Geschichte ihrer Post und ihrer Unternehmen (Münchne–Zürich 1990)
Johannes Bernold, Trari, Trara, die Post ist da… (Wien 1995)
Klaus Beyrer und Hans–Christian Täubrich (Hrsg.), Der Brief: Eine Kulturgeschichte der schriftlichen Kommunikation (Heidelberg 1996)
Martin Dallmeier (Red.), 500 Jahre Post: Thurn und Taxis. Katalog der Ausstellung anläßlich der 500 Jährigen Wiederkehr der Anfänge der Post in Mitteleuropa 1490–1990 (Regensburg 1990)
Johann von Herrfeldt, Die Transport–Wissenschaft (Frankfurt 1837)

Ludwig Kalmus, Weltgeschichte der Post: Mit besonderer Berücksichtigung des deutschen Sprachgebiets（Wien 1937）
Wolfgang Lotz（Hrsg.）Deutsche Postgeschichte: Essays und Bilder（Berlin 1989）
Johann Ludwig Klüber, Das Postwesen in Teutschland（Erlangen 1811）
Jacob Moser, Teutsches Staats-Recht（Leipzig 1752）
Gottfried North, Vom Botenwesen des Mittelalters bis zur Gründung der Post durch Kaiser Maximilian I. In Zwei Jahrtausende Postwesen.
Brigitte Schnaitl, La Poste française（Salzburg 1995）
Bernd Schneidmüller, Briefe und Boten im Mittelalter. In Deutsche Postgeschichte.
Thomas Winkelbauer, Ständefreiheit und Fürstenmacht 1-2（Wien 2003）
Rüdiger Wurth, Auf Wegen zueinander（Eisenstadt 2002）
Rüdiger Wurth（Hrsg.）, Österreichische Postgeschichte, bisher 24 Bde.（Wien-Klingenbach 1978-2000）
イマニュエル・ウォーラーステイン、川北稔訳『近代世界システム』（Ⅰ・Ⅱ）岩波現代選書　一九八一年
エッカーマン、山下肇訳『ゲーテとの対話』（上・中・下）岩波文庫　一九六八―六九年
カエサル、近山金次訳『ガリア戦記』岩波文庫　一九四二年
ゲーテ、山崎章甫他訳『詩と真実』（ゲーテ全集9）潮出版社　一九七九年

シラー、佐藤通次訳『ドン・カルロス』岩波文庫　一九五五年
ウーヴェ・ダンカー、藤川芳朗訳『盗賊の社会史』法政大学出版局　二〇〇五年
ラインハルト・バウマン、菊池良生訳『ドイツ傭兵の文化史』新評論　二〇〇二年
フェルナン・ブローデル、村上光彦訳『物質文明・経済・資本主義』（全六冊）みすず書房　一九八五―九九年
ホイジンガ、堀越孝一訳『中世の秋』中央公論社　一九七六年
オットー・ボルスト、永野藤夫他訳『中世ヨーロッパ生活誌』（1・2）白水社　一九九八年
マーシャル・マクルーハン、森常治訳『グーテンベルクの銀河系』みすず書房　一九八六年
阿部謹也『ヨーロッパ中世の宇宙観』講談社学術文庫　一九九一年
岩井克人『ヴェニスの商人の資本論』ちくま学芸文庫　一九九二年
鹿島茂『馬車が買いたい！』白水社　一九九〇年
坂井栄八郎『ドイツ歴史の旅』朝日選書　一九八六年
田沢五郎『ドイツ政治経済法制辞典』郁文堂　一九九〇年
堀田善衞『ミシェル 城館の人』（第一部〜第三部）集英社文庫　二〇〇四年
本城靖久『グランド・ツアー』中公新書　一九八三年
宮崎揚弘編『ヨーロッパ世界と旅』法政大学出版局　一九九七年
宮下志朗『パリ歴史探偵術』講談社現代新書　二〇〇二年
渡邊昌美『フランス中世史夜話』白水社　一九九三年

菊池良生（きくち よしお）

一九四八年生まれ。早稲田大学大学院博士課程に学ぶ。明治大学理工学部教授。専攻は、オーストリア文学。著書に『ハプスブルク家の人々』、『イカロスの失墜―悲劇のメキシコ皇帝マクシミリアン一世伝』（以上新人物往来社）、『犬死』（小学館）、『戦うハプスブルク家―近代の序章としての三十年戦争』、『神聖ローマ帝国』（以上講談社現代新書）等がある。

ハプスブルク帝国《ていこく》の情報《じょうほう》メディア革命《かくめい》

二〇〇八年一月二二日 第一刷発行

集英社新書〇四二五D

著者……菊池良生《きくちよしお》

発行者……大谷和之

発行所……株式会社集英社

東京都千代田区一ツ橋二-五-一〇 郵便番号一〇一-八〇五〇

電話 〇三-三二三〇-六三九一（編集部）
〇三-三二三〇-六三九三（販売部）
〇三-三二三〇-六〇八〇（読者係）

装幀……原 研哉

印刷所……凸版印刷株式会社

製本所……ナショナル製本協同組合

定価はカバーに表示してあります。

ISBN 978-4-08-720425-4 C0222

Printed in Japan